U0124297

好
good
的
Publish

好
good
的
Publish

佐野創太—著
SANO SOTA
黃立萍—譯

跳出離職迴圈

目次

第四章 職場上的人際關係，更要做好斷捨離 135

第五章 寫封信給明天，讓它成為面試成功的武器

寫在前面

職場如扭蛋，你永遠不知道會盼來什麼

「好想改變一些什麼。」現在將這本書拿在手上的你，心中應該有這樣的念頭吧？

要改變很簡單。只要登入轉職機構或平台（編按：在日本，除了有像台灣熟悉使用的人力銀行，也有為轉職者量身打造的轉職網站）的轉職專區就好了。轉職專區的資訊非常完整，不僅會為我們介紹許多比現在的工作加班時數更少、人際關係更友善，同時更強調工作價值的企業，也有些機構能協助擬定面試策略，甚至為我們修改履歷。

大學應屆畢業之後進了公司，就要一路工作到退休？

現在已經不是那樣的時代了。你只要登入轉職平台的轉職專區，不斷地換工作就好了。

「這樣一直待在現在這家公司，真的好嗎？」
「跟主管合不來耶……」
「加班少一點比較好吧……」
「好渴望得到更多工作價值……」

只要換工作了，環境就會改變。只要環境改變了，人生就會不同。如果你現在有這些想法，而且感覺悶悶不樂，就請到登入轉職專區，換一個工作吧！

然而，真是如此嗎？**只要換了工作，人生就會改變了嗎？**

截至目前為止，我看過許多這樣的人：即使換了工作，卻還是延續著轉職前的煩惱。換言之，他們就算轉職了，也依然沒有任何改變。

就算換了工作，乍看之下環境改變了，卻又還是出現「跟主管合不來耶、難道沒有更有價值的工作嗎……」的念頭，然後感到悶悶不樂，這就是陷入了「好想離職」的循環。

為什麼會陷入這樣的狀況呢？那是因為，無論公司或主管，到頭來全都是**「扭蛋」**（編按：指會遇到什麼樣的環境或人都是機緣）。

在面試的階段，企業基本上都只會說好聽話，很多狀況是再怎麼調查也不會知道的，除非你進了那家公司。而且，你就算進了好公司，也無法選擇主管。公司雖好，你卻和主管合不來，這種事也很常見（還有，最多人使用的離職理由就是「和主管合不來」）。

到頭來，都是命運。那麼，難道我們只能不斷地重複轉職，直到遇上好公司、好主管嗎？

不，沒這回事。也有些人在轉職之後，無論工作、私人生活都變得更加順利。換句話說，他們走進了良好的循環。另一方面，有些人就算轉職、也拿到了內定（編按：在日本，一般學生會在大學畢業前積極參與「就職活動」，如能獲得公司內定，則畢業後可立即報到）錄取通知，工作卻依然不順利，然後一直不斷換工作，在就業市場上變得更加沒有優勢。也就是說，他們落入了負面的循環。

職場如扭蛋，
你永遠不知道會盼來什麼

其中的差異究竟是什麼？

答案既非學歷，也不是智商。這本書，就是關於我在和許多煩惱著「好想離職」的人對談之後，發現了「差異」而寫下的答案。

在這個無論公司、主管到頭來都是「扭蛋」般的世界，我將消解你腦中的鬱悶情緒，讓你將轉職視為重要契機，翻轉自己的人生。我將傳授給你，這一套「轉職後也能成為武器的思考法」。

第 一 章

轉職切忌憑感覺，先問問自己想要什麼

不光求跳槽順利，此後生活也要跟著好轉

「只有」轉職順利的人，和轉職後的人生「也」順利的人，這兩者的差異在於：

A.**雖然轉職了，但「跳槽」的想法又浮上心頭，於是懷著悶悶不樂的情緒。**

B.**雖然沒轉職，但多次有過「好想離職」的想法。**

無論你有沒有轉職經驗，如果曾經（即使只有一次）這樣想過：「繼續待在這個公司裡，真的好嗎？」本書就是獻給你的。那麼，為什麼你思考的不是繼續在現在這家公司工作，而是考慮跳槽或離職呢？

「我想要成長，不只在現在這家公司，而是無論到哪一家公司去，都可以把工作給做好。」

「我期待能被家人、親友誇讚『這份工作實在很有意義呀』。」

「我想要認真地和主管、工作夥伴對談，並且和可以愉快閒聊的人們一起工作。」

截至目前為止，從帶著「要不要離職呢？」的模糊煩惱來洽談，到與我進行具體的轉職諮詢，我聽到許多人都有這類真摯的想法。

在你思考「這樣繼續待在這個公司真的好嗎？」「要不要離職呢？」「還是轉職好了？」這些悶悶不樂的想法背後，或許暗藏著「好想朝向『轉職後的人生』前進」的情緒，對吧？希望可以充滿自信地工作，能夠有相互尊敬的夥伴，過上節奏弛張有度的生活。

你並不是「希望『只有』轉職順利」，而是「想讓轉職後的人生『也』順利」——這本書，就是為了這樣的你而寫。換言之，本書並不是以獲得內定錄取為目的，而是要讓轉職後的人生更加光明，並且成為你翻轉人生的關鍵原因。

你以為換了工作，人生就會變好嗎？

老實說，如果要回應「好想離職」這樣的需求，以「獲得內定錄取」作為目的，還直接了當得多。事實上，許多轉職機構都是以「讓客戶拿到內定錄取機會、順利轉職」為目的。

然而，以「離職」為最優先目的而轉職的人，往往在沒多久之後，「又」會前來諮詢這樣的煩惱——我曾經見過好幾次這樣的場景。

「主管作風強硬，我的做法跟不上他的想法和價值觀。」

「即使持續做這份工作，我也無法想像自己可以成長，也不覺得自己會一直想做下去。」

「工作這麼辛苦，薪資卻這麼少，覺得自己好廉價。」

而且，工作上的鬱鬱寡歡，也會一點一滴，悄悄地來到生活中。

「明明假日都有自我分析、投資自己，但『這樣下去好嗎？』的念頭卻停不下來。」

「在社群媒體上看到朋友轉職或結婚的消息，就忍不住覺得自己被拋在後頭了。」

「睡前呆滯地滑完手機，又後悔『應該要早點睡覺的』……我想改掉這個習慣。」

這些人異口同聲地說：「總覺得跟轉職之前沒兩樣。」這些「只有」轉職順利的人，似乎又被轉職前的不滿情緒追著跑。換句話說，他們掉進了持續鬱悶的負面循環裡，也就是「好想離職」的循環。諷刺的是，**正因為他們是以「離職」為目的，才會陷入「好想離職」的循環**。

另一方面，連轉職之後「也」順利的人們，因為擺脫了離職前的不滿情緒，於是走進了神清氣爽的正向循環——

「新工作的學習很快樂。在前一個公司時，我下班後都盡可能不去想工作的事，現在來到新的職場，我和主管、同事開會時的發言次數卻增加了。轉職之前，我總是心想：「快點結束吧」，現在卻被選為業務改善團隊的組長。明明我以前都覺得『好喜歡公司』是一句虛有其表的場面話呢……」

連轉職之後「也」順利的人都有這樣實際的感受：**和轉職之前相較，他們變得更喜歡自己了**——

「我又開始去以前最愛的鋼琴教室上課了。三個月前，每逢假日，我老是在補眠。現在我不但充滿自信，生活也有了餘裕，所以會跟男友討論起未來的生活。對我來說，當我瞭解『家人比工作重要得多』，而改變了工作方式，無論工作、生活，都變得更加愉快了。」

連轉職之後「也」順利的人，都這樣告訴我：「當初鼓起勇氣離職真是太好了。」就像這樣，即使同樣都轉職成功了，還是可以分成：「只有」轉職順利，接著又開始鬱鬱寡歡、陷入「好想離職」循環的人，以及連轉職之後「也」很順利，生活變得神清氣爽的人。

我們也可以換個說法，**一種是即使轉職了也沒有任何改變的人，一種是轉職之後變得更喜歡自己，於是人生跟著好轉的人**。

那麼，這兩種人的差異何在呢？就在於他們**對轉職活動「是否以肺腑之言來迎戰」**。

即使掩蓋住自己的真實心情，也可以獲得內定錄取。腦子愈是聰明的人，愈能夠邏輯清楚地表達，因此，他們只要把肺腑之言隱藏起來，就能直接拿到內定。

然而，即使他們真的拿到內定錄取資格，也轉職成功了，心裡又會悶悶不樂，開始產生「要不要離職呢……」的想法。

離職原因是陷阱題，怎樣回答才得體？

過去在從事轉職協助工作時，我曾多次被求職者問到這個問題：**「大家都撒謊到什麼程度呀？」**

有些人總認為，在面試時、在文件上，或多或少都需要撒一點謊，或是誇大其詞一番。然而在轉職這件事上，謊言是完全沒有必要的。倒不如說架謊鑿空、誇誇其談，正是「好想離職」循環的入口也不為過。

當我這樣回答他們，有些人就會問：那麼，我只要原原本本地去迎戰就好了嗎？真的只要坦露肺腑之言就可以了嗎？

答案是否定的。

例如，轉職面試時經常出現的問題之一就是「離職／轉職理由」，如果你老老實實地說出想離職的真正理由，會怎麼樣呢？

「我討厭主管。」
「我想要更多休假。」
「我想要更多薪水。」

這些都是肺腑之言，沒錯吧？各位都是人，會抱持這種想法乃人之常情。但是，各位應該也可以想像，企業方在面試場合上對於會如此發言的人，不可能出現「好想要這個人才！」這種想法。所以，結果就變成：果然，我們在某程度上還是得說點謊囉？

不可以撒謊，直接說出真心話也行不通。那麼，究竟該怎麼辦才好呢？這時候，**你需要做的是「琢磨肺腑之言」**。

面對、琢磨肺腑之言，成為具有說服力的自己。這是將「轉職」當作最優先目的的轉職機構，不會告訴你的技巧。

此外，「琢磨肺腑之言」這個舉動，可說是一種**思考整理術**。本書要介紹的，就是幫助你面對過去蘊含負面情緒的內在自我，在面試、職場等場合上，將肺腑之言作為「能傳遞自己優勢的語言」，來輸出的一套方法。在轉職之後，這套思考術也能夠成為你的武器。

肺腑之言是非常情緒化的東西。如果是相當瞭解你的家人或親友，即使你對他們直接說出肺腑之言，對方也應該會願意理解你的想法。然而，在轉職這件事上可就不能直接套用了。**你需要面對、整理情緒化的肺腑之言，再轉換為能被他人理解的語言。**

換句話說，本書要告訴你的就是：**為了讓「好想離職」的人以轉職作為契機、來翻轉人生，如何利用思考來整理情緒化肺腑之言的方法。**

登入人力銀行前，更重要的是……

當心裡有「好想離職喔……還是換工作好了……」的想法，許多人會採取的行動，都是**「總之就先登入轉職平台吧」**。

各位應該都看過知名藝人拍攝的轉職機構廣告吧？根據第一生命經濟研究所的資料顯示（https://www.dlri.co.jp/report/macro/174300.html），每年的實際轉職者約有三百萬名，但希望轉職的人卻超過八百萬名。在這個不再是「大學應屆畢業之後進了公司，就會理所當然一路工作到退休」的時代，只要我們考慮轉職，「首先要登入轉職平台」這個概念，簡直有如常識一般，一直深植在你我的意識中。

只是，我從許多希望轉職的人在「好想離職」這個鬱悶階段開始，就持續支援他們到現在，卻察覺到一件事。先不管他們是有意識或無意識，我發現「轉職順利的人」會在登入轉職平台、接受其協助之前，就先把某件事給完成。這件事，就是我前面說明過的「琢磨肺腑之言」。

所謂「琢磨肺腑之言」完成的狀態，就是指自己的軸心穩定了的狀態。將這件事做好了的人，即使被轉職專區介紹了各式各樣的企業，也有辦法不做出錯誤的選擇，直線達到能實現自己夢想的目標公司。

評估職缺之前，你得先整理思緒

現在的你，是否正在彙整文件評選用的履歷或職務簡歷呢？你是否為了分辨出具備成長性的公司，正在進行企業分析或業界分析？也許，你正處於「透過轉職專區或轉職網站收集資料」的階段。

這些應該都可以稱為轉職活動的「Step 1」，對吧？這是讓轉職成功的重要步驟。所有的優質資訊，都是透過人、書籍、報導推廣到全世界的。至於**「琢磨肺腑之言」，則是在轉職活動的「Step 1」之前，就要進行的「Step 0」**。

心裡想著「是不是該離職呢」，接著思考「轉職活動就從這一步開始吧」的你，恭喜了。你正好處於轉職活動的「Step 0」，這是一個展開「琢磨肺腑之言」的絕佳時機。

擔心著「不，明天我還有面試呢……已經太遲了？」的你，請放心，「Step 0」的琢磨肺腑之言可以隨時展開。倒不如說，當你回到了「Step 0」這個步驟，真正的轉職活動才正要啟動呢。

思考整理3步驟，大大提升轉職勝率

那麼具體而言，我們該如何琢磨肺腑之言呢？這件事由三個步驟所構成。

步驟1▼吐露負面情緒，「掌握」肺腑之言的「離職開悟筆記」。

步驟2▼透過人際關係來「整理」肺腑之言的「人際關係分類筆記」。

步驟3▼將肺腑之言「琢磨」到職場上、面試時所說的話語中的「寫給明天的信」。

所謂肺腑之言，是專屬於你的感測器。在轉職活動Step 0保養過的感測器，必然將為你「Step 1」之後的轉職活動帶來變化。

過去曾有一千名以上的諮詢者和我共同經歷「琢磨肺腑之言」，在此我將為你介紹部分諮詢者的心聲。

「應徵動機毫無罣礙地浮上心頭，應徵工作變得好快樂。」

「在瀏覽徵人網頁的階段，我已經可以判斷出『這家公司跟我合不來』了。」

「在第一志願的公司面試時，場面形成一種『能和面試官交換意見』的氣氛，所以我當場就拿到了內定錄取通知。」

從「心」出發4要素，更認清自己

為什麼只要琢磨了肺腑之言，就能從當下的轉職活動開始有所轉變呢？就是因為「琢磨肺腑之言」由以下四個要素構成，這是一套每個人都能執行的技術。

①不能只在乎轉職順利

第一，是我站在轉職機構的立場提供支援、營運徵人網站時深深體悟到的事。那時候，我察覺到自己「持續增加『只有』轉職順利的人數的原因」。

②為何就算成功轉職，還是好想離職？

第二，是我變成那種「只有」轉職順利的人，也瞭解自己為何持續鬱鬱寡歡的反省。我將在下一章詳細說明事情經過。從謊言展開的轉職活動，到頭來卻陷入沒有工作的窘境。

③琢磨肺腑之言是職場上的大事

第三，是我自立門戶創立了「離職學®」之後，以研究家身分展開了「轉職前煩惱的離職研究」的相關成果。這些是我截至目前為止，和超過一千名諮詢者的洽談結果，以及來自超過一萬名網友透過活動、網路、電視等方式傳達的聲音，全都反映在「琢磨肺腑之言」上。

④也要參考前人的智慧

第四，則是前人們的智慧。琢磨肺腑之言雖然是我獨創的研究，但「工作價值・生存價值」、「以肺腑之言生存」這些議題，是跨越時代和地域，人們將持續探究的主題。本書也將介紹許多前人說過的話，不但著重於眼前的轉職活動，更要成為各位未來人生的指引。

「琢磨肺腑之言」並不是僅限於特殊人士才可駕馭的超級技能，只要有紙和筆，任何人都做得到。我們甚至可以將「肺腑之言」理解成一段獨處時光，無關年齡、性別，也和職業種類、行業領域沒有關係。實際上，來到我這裡的諮詢者有男有女，甚至還有超過五十歲的人要找工作，這些人都可以算是我的人生前輩了。另外，也有一些人正面臨結婚、育兒等人生計畫。

已經轉職過好幾次的人，或是從來沒有轉職，但心中鬱鬱寡歡、怎麼都開心不起來的人，你們不必強打起精神，請試著努力去進行本書的「琢磨肺腑之言」。

少做1件事，小心工作愈換愈糟

剛剛我說了這麼多關於轉職的大道理，一副很了不起的樣子，在這一個章節，請讓我說一些真心話。

其實，我過去曾經有一段時間不斷地對自己撒謊。我之所以會發現轉職者分成「只有」轉職順利的人，以及連轉職之後「也」順利的人，正是因為我本身就當過那種「只有」轉職順利的人，也就是陷入了「好想離職」的循環。一個禮拜有四次，我總是覺得「好想離職」。

我在應屆畢業後很快就被錄取了，但是只在那家公司待了一年，然後就離職了。當時我對主管說：「希望從事更有益於社會的工作」，但心中真正的想法是：「跑業務好痛苦」。接下來的工作，我只待一個月就離職了。表面上是「跟公司風氣合不來」，但心中真正的想法是「工作要求標準太高，我完全跟不上」。

出社會第二年就有兩次離職經驗的我，雖然曾經想要委託轉職機構，卻被對方拒絕註冊，理由是「以您這樣就業短時間就離職的經歷來看，我們無法提供支援服務」。現在回想起來，既然工作的經歷有問題，他們自然不想協助那個不瞭解心中真正的想法、又企圖虛張聲勢的我了。因為其他人就算是待沒多久就離職，也還是可以再找到工作。

當時我心想：「還是靠自己做一點什麼吧！」於是學習了許多面試技巧、轉職相關的知識，也花了不少錢在企業分析、產業研究上。儘管如此，我依然持續收到一堆「祝福信」（未錄取通知），就算拿到了內定錄取通知，也因為鬱鬱寡歡而不斷地離職。搞到最後，我甚至還被父母介紹的人資工作者告誡：「你還是先冷靜下來，花點時間思考一下吧。」等到回過神來，我已經沒有工作了。

即使自己能夠以轉職機構的立場分辨出何謂「好公司」，還可以和求職者進行職涯諮詢，但我依然沒有工作。

「再這樣下去，我會不會永遠都找不到工作了？」這份不安的情緒，就快要把我壓垮了。只要瀏覽社群網站，就會覺得自己「是不是已經被大家拋在後頭了？」

為了壓抑自己的這份焦慮，我取消追蹤那些看起來很快樂的親友。就算聆聽最喜歡的音樂，我的心裡也絲毫沒有感動。

「再不反敗為勝可就糟了！」我也曾經發憤圖強，耗費大把金錢去參加昂貴的研討會，或是研究該怎麼做副業。或許是扎在心上的那根「謊言之刺」麻痺了我的真實想法，讓我的判斷變得更加古怪了吧。

真誠地面對自己，才是一切的起點

拯救了我的，是那段獨自一人**徹底地面對自己真實心聲的時間**。我只管把負面情緒寫在筆記本上，持續將當時的人際關係給整理出來。這個動作，就是本書要介紹給你的「琢磨肺腑之言」的原型。

藉由「琢磨肺腑之言」這個動作，我才搞清楚自己真正想要成為什麼樣子，所以接下來我做的第一件事，就是和我應屆畢業後所進入公司的主管取得聯繫。我把自己無業的狀況告訴他，連同當時跑業務很痛苦、跟不上力求成長的公司風氣等狀況，全部老老實實地說出來。

接著，主管問了我好幾個問題：「你想工作嗎？」「想做什麼樣的工作呢？」問完之後又告訴我：「如果你想回來，我會跟上面的人說一聲。」當時的社長也同意讓我回鍋，他說：「你這個夏季假期是放得有點早啦，而且還有點長呢（笑）。」

那一瞬間，我確實感受到了一件事：肺腑之言會推人一把。對於那個掉進鬱悶循環、在職場上迷路的我來說，比起學習任何轉職知識、思考技術、職涯戰略，我最該做的就是琢磨肺腑之言。如今我才瞭解，**轉職活動真正的起點，是面對自己的真實心聲**。

下一章開始，我將告訴你擺脫負面循環的具體方法，而這套方法，正是以我陷入鬱悶循環的自身經驗為基礎。

當時，這個世界並不存在任何寫給「反覆換工作、陷入負面循環的人」的書。無論你是有過轉職經驗的人，或是雖然轉職了，卻仍舊鬱鬱寡歡的人，請務必暫時關閉轉職專區或徵人資訊的網站，先試著面對自己，琢磨自己的肺腑之言吧。

第二章

為什麼我們總是「好想離職」？

釐清5原因，就不會愈工作愈鬱卒

我在前一章已經告訴各位，因為轉職而讓人生順利的人，以及並非如此的人，兩者之間的差距在於「是否以肺腑之言迎戰」，所以必須在「Step 0」就琢磨自己的肺腑之言。

而在這一章，我要客觀地參透這個問題：「為什麼你現在正處於鬱鬱寡歡的狀態？」或許有些讀者會這麼想：「請快點告訴我該怎麼琢磨肺腑之言吧！」但有件事必須留意。我曾在前面這麼說過：

「只是，我從許多希望轉職的人在「好想離職」這個鬱悶階段開始，就持續支援他們到現在，卻察覺到一件事。先不管他們是有意識或無意識，我發現『轉職順利的人』會在登入轉職平台、接受其協助之前，就先把某件事給完成。」

這句**「先不管他們是有意識或無意識」**就是關鍵。

本書要教給你的方法，是如何有意識地琢磨肺腑之言，進而擺脫「好想離職」的循環。**「為什麼許多人都陷入了『好想離職』的循環？」「為什麼你現在感到悶悶不樂？」體認到這些問題，就是有意識地擺脫「好想離職」循環的第一步。**

只要讀完本書，原本無意識地掩蓋肺腑之言的人，都將能夠以「肺腑之言模式」進行轉職活動。為了讓各位切換成「肺腑之言模式」，請將這一章理解為思考的暖身運動吧。

你的忙碌，是為了逃避嗎？

在此我要說一個小故事，主角是某位實際上沒有做到「琢磨肺腑之言」，於是持續感到鬱悶的諮詢者。隱藏在你鬱悶情緒深處的「肺腑之言」，在獨自一人的狀況下是很難發現的。

而且，這份鬱悶情緒的原因就是我在下個章節要介紹的：「被徹底用在環境中的五個謊言」，這些謊言也是很難被察覺到的。事實上，許多諮詢者幾乎都這麼說：「我這不算是說謊啦」，要解決這種「難以瞭解自己」的狀況，提示就在創作歌手宇多田光的書裡。

「藉由描繪『某個人』的情緒，就能觸碰到藏在自己意識底下的情緒。」——（引用：《宇多田光的話語》（宇多田ヒカルの言葉）第9頁）

如果只注視自己，有時候反而愈來愈搞不懂自己的情緒和煩惱。然而，只要知道他人的情緒和煩惱，就會形成一條捷徑，將「自己的狀況是如何呢？」和鬱悶的真相給弄個明白。

給了我「看看別人，理解自己」這個機會的諮詢者，是一位應屆畢業就進入外資顧問公司的A小姐（約二十五至三十歲）。

A小姐一開始以為「我只要在工作時不放感情，做一台業務機器就好了」，後來卻連私人生活中的感情都麻木了。

「週末到底想幹嘛啊？」當她回過頭來檢視，才發現自己只剩下：「我要好好睡個大頭覺」這個念頭了。儘管她曾經熱愛插畫製作、鋼琴演奏、海外旅行……，學生時代的興趣原本相當廣泛，但現在都提不起勁了。

原本只想要消除負面情緒，卻發現自己辦不到。**一旦消除「好想離職」的真實心聲，就連原本在工作中的樂趣都感覺不到了。所有情感都被關閉了。**

這種「情感關閉」的感受絕對是一種誇張的表達，但也絕非特殊案例。其實，也有人認為如果持續隱藏自己的真心話，甚至會導致「喪失生存價值」或「罹患精神疾病」等問題。

精神科醫師，同時也是其母校津田塾大學的教授神谷美惠子，曾在著作《關於活著的意義》（生きがいについて）中如此描述：

「無論在社會上的表現再怎麼傑出，一旦無顏面對自己，就會逐漸逃避去面對自己。他們無法再寫出心靈日記，也無法忍受安靜獨處。即使內心深處有再多痛苦呻吟，側耳傾聽仍是一件煎熬的事，於是他們會讓生活變得更忙碌，假裝自己沒有聽見那些聲音。（中略）正是因為誆騙了自己，他們才會完全喪失活著的價值感。那樣的人表情凝重，一眼就看得出來。人們普遍認為，這就是引發多種精神疾病的原因。」——（引用：《關於活著的意義》第40頁）

「持續對自己撒謊」，甚至對身體也有危險。許多人應該都很清楚，謊言對健康並不好。儘管如此，為什麼我們還是忍不住會撒謊呢？

其實，是因為我們已經**把謊言徹底用在「環境」中**了。接下來，我就要為讀者介紹「讓我們徹底撒謊的五種環境」＝「使我們鬱鬱寡歡的五大原因」。

原因1▼工作是自己的事，沒人能真正感同身受

我們許多人都曾在學生時代經歷過就業活動。轉職活動雖然也和應屆畢業生的就業活動有部分重疊，但其中存在著「決定性的差異」。

這決定性的差異，在從事業務工作的諮詢者B小姐（約二十五～三十歲）的經驗中，一覽無遺。

有一位學生時期的朋友剛轉職不久，B小姐原本打算向這位朋友請教轉職的問題，但她後來覺得「還是不要問好了」，據說是因為以下原委。

「我這位朋友是因為考慮要結婚，所以才會轉職。因為我自己也在考慮結婚，心想彼此的狀況很類似，就請她聽聽我的煩惱。可是，我想起前陣子聽到其他友人說：『聽說她最近跟男友分手了。』結果狀況就變成，我連『聽我說說話嘛』也說不出口。」

為了尋找是否還有其他能商量的人，B小姐打開了學生時代社團的群組。「社團的 Line 群組也完全沒有動靜了。我不知道怎樣發言才能引發迴響。雖然有人會上傳孩子的照片，說：『我們家小朋友好可愛喔～』但這個群組裡也有剛離婚不久的人。這很正常，每個人的生活都不一樣嘛。」

這件事讓我明白一個道理，那就是**轉職是一種「孤獨的活動」**。直到出社會以前，我們一直過著和朋友們相似的人生。從義務教育畢業，繼續升學，接著加入就業活動。進公司工作的開頭一、兩年，這時的人際關係還沒有大幅改變，聊天的時候，也還講得出「工作怎麼樣？」之類的「共通話題」；然而，隨著時間來到第三年、第四年，對話就持續切換成「我換工作囉」、「正在考慮結婚嗎？」這類「各自不同的人生故事」。

這時候我們才發覺：「不知從何時開始，我們正走在各自不同的人生道路上。」不僅如此，這份孤獨感還纏繞著「轉職活動的複雜」，於是悶悶不樂的情緒就持續形成了循環。

隨著出社會的資歷累積了三、四年，「選擇工作」這件事變得很複雜，許多人會開始思考「並不是只要有工作就好」。在持續工作的過程中，也有人會思考工作和生活之間的平衡，認為「工作也未必是最重要的事」。

在這個狀況下，我們說出「其實好想這樣做」的真實心聲的機會，就減少了。於是，轉職活動變得既孤獨又複雜，我們心中「好想離職」的鬱悶情緒無處可去，就這樣持續形成了循環。

原因2▼就算戴上面具，你也還是你

在應屆畢業的就業活動中習得的常識，也是讓我們再次對自己撒謊的原因。有不少人是在進行就業活動時，利用「自我分析」、「自我探索」這類方式來尋找獨一無二的自己，結果反而變得更不瞭解自己了，對吧？

實際上在開始工作之後，應該也有人發現一件事：「所謂真正的自己，並沒有那麼簡單。」

原本覺得「很適合」的工作，卻無法全心全意地投入；原本覺得「不太喜歡」的人，卻很神奇地特別契合……，在這樣的過程中，有些人會開始察覺：「其實根本沒有什麼真正的自我吧？」

還有，應該有很多人會認為：「在主管或在家人面前，會各自呈現出截然不同的自己。」在朋友、家人、客戶或主管面前，每個人都各自有不同的自我存在，於是無法一以貫之。

其實，「琢磨肺腑之言」並非代表「存在著絕對唯一的真實自我」，而是認為**「自我有好幾個樣貌」**。

世上不存在獨一無二的真實自我

會認為「不對，自我應該只有一個吧？」也是很正常的事。

在此，我要為你介紹「分人主義」這個思考方式。

這是除了以《日蝕》榮獲第一二〇屆芥川獎之外，還發表其他作品的作家平野啟一郎所提出的想法。平野先生一邊比較我們熟悉的「個人主義」，一邊如下提出「分人主義」的概念。

> 「所有錯誤的源頭，都來自獨一無二的『真實自我』這個神話。因此，讓我們試著這麼思考吧：獨一無二的『真實自我』並不存在。反過來說，在每一種人際關係中展現的幾種樣貌，全都是『真實自我』。」——（引用：《何為自我：從「個

人」到「分人」》（私とは何か——「個人」から「分人」へ）第7頁）

在人際關係中各自展現的好幾種樣貌，全部都是「真實自我」——如同平野先生所提出的這個概念一樣，本書也認為「肺腑之言有好幾種」。

舉例來說，「希望禮貌接待顧客的自我是存在的，討厭顧客的自我也是存在的」。從這裡出發，我們可以連接到這樣的肺腑之言：「也就是說，其實我應該是期望對等的關係。」

當肺腑之言A和肺腑之言B看似對立的時候，兩者都先不否定。我認為「應該還有一種想兼顧這兩種概念的肺腑之言C」。無論哪一種肺腑之言，我們都不需要加以否定。

就算是看起來正「從事喜歡的工作，並堅定不移地生存」的音樂家，也會說「我是搖擺不定的！」樂團「Kizu」的主唱來夢，曾在受訪時說過以下這段話：

> 「搖擺不定、優柔寡斷地生活才是人生，根本就沒有任何人可以從一開始就走直線活到最後啊！」——（引用：《ROCK AND READ 087》第179頁）

我們可以再優柔寡斷一點。現在看起來堅定不移的人，或許你也是認同那個「搖擺不定的自己」，並且經歷了搖擺的過去，才會走到了今天，對吧？所以，我們要下定決心「試著搖擺看看」，接著成為「有彈性的自己」——即使搖擺不定，也能夠回到原點。

原因3▼過度依賴求職網站，只會忽略真實想法

現在的轉職服務愈來愈方便了。「轉職機構」為求職者介紹條件吻合的企業；「轉職網站」為求職者分析企業的魅力和任務；「論壇網站」能讓我們一窺企業的真實樣貌。只要善用這些管道，我們就能擺脫「好想離職」的循環。

然而，我們必須留意使用方法。其實，就因為這些轉職服務太過方便，從我們手上奪走了面對真實心聲的機會，才會讓我們撒謊——換言之，這是讓我們掉入「好想離職」循環的原因之一。

其中，轉職機構是最需要留意的轉職服務。這類機構支持著忙於工作、「沒有餘裕獨自進行轉職活動」的人。正因如此，我希望你能瞭解「轉職機構也有其危險性」，更別喪失了琢磨肺腑之言的機會。

明明覺得不適合，卻還是被牽著鼻子走

在第40頁登場的那位諮詢顧問A小姐，也曾經委託過轉職機構。因為平日時常加班，假日也都在工作，所以她不但沒有時間好好思考換工作的事，即使機構介紹了工作，她連精挑細選的時間也沒有。當轉職機構介紹了IT企業的遴選機會，即使她覺得有點不太對勁，但還是接受了。被通知內定錄取的時候，她被轉職機構催促：「下週一之前要回覆公司是否接受錄取。」然後勉強自己重新考慮了一下，她心想：「我可能有一點太任人擺布了……」，但最後還是採取了行動。

A小姐找到認識的友人，向一位直到兩年前都還待在這家IT企業工作的人請教。結果那個人的反應，竟然跟轉職機構的說詞天差地別。轉職機構表示：「有孩子的女性員工在這家公司也相當活躍，考慮到A小姐您的未來，這裡非常適合您喔！」但這個朋友卻說：「這是個只有『工作有價值的人』，才能倖存的殘酷職場。」

據說，A小姐一直都感覺不對勁。面試官既沒打招呼，也沒破冰，直接就用不客氣的語調問她：「為什麼想來我們公司？」直到最後一關，社長遲到了三十分鐘，走進會議室卻連一句道歉的話也沒有，劈頭就告訴她：「我很忙，講重點。」

「冷靜想想，這真的太奇怪了。」A小姐回顧當時的經驗之後，說了這句話。但是，為什麼她當時無法思考呢？明明她的工作性質是諮詢顧問，總是能靠自己調查資訊，仔細地思考問題呢。

轉職資訊僅供參考，篩選得靠自己

這就是因為A小姐太過仰賴轉職機構，於是忘了面對自己的真實心情。轉職機構不僅介紹工作機會，也會協助調整履歷、修改職務經歷，甚至有些公司主打會幫忙分析企業或產業，就連年收入的數字都負責交涉。儘管如此，這些服務未必需要付費。「我不太習慣這些事，所以還是把轉職活動交給他們試試看吧！」她會這樣想也是很正常的。

自己每天都忙到焦頭爛額，轉職機構又提供了許多方便，因此，當兩者緊密結合，轉職機構就搖身一變，成為「讓人撒謊的原因」了。

轉職機構是怎樣的存在呢？從前面描述的「服務充實程度」和「免費」這兩點來觀察，轉職機構看起來就像是「一流主廚」。只要預約好，對方就會將烹調完成的高檔料理送到自己家裡，連用餐後的收拾都一併包辦，而且還是免費的。

如此一來，也可以將轉職活動這件事本身，想成是一種「套餐料理」。

只是，就是因為對方做得太有誠意，如果你從一開始，就忍不住想著「交給他們篩選還真不錯啊」，那可就危險了。使用轉職機構的時機，應該是「轉職活動的Step 1之後」才對。

轉職機構並不是「一流主廚」。機構為我們送來上好的素材，這點無庸置疑，但要判斷那些素材是否適合自己的身體，以及要製作成什麼料理的人，都必須是自己。轉職機構是「蔬果店」，而轉職活動無論到哪裡，都應該是「自己下廚」才對。

轉職後的人生，沒人能為你掛保證

轉職服務能為我們做的，全都是**二手資訊**。

舉例來說，論壇網站上的資訊也是良莠淆雜。當中雖然也有訴說真相的貼文，但我們無從確認究竟是否為真。有些狀況是，離職離得不漂亮的人為了洩憤，就在網路上散布不實的資訊。此外，也有些網站是如果要瀏覽評論，必須先寫出評論來賺取點數，結果就有網友單純為了點數而隨便留言。

我們可以免費使用轉職網站。為什麼？因為錄用企業會付費給營運轉職網站的公司來打廣告。換言之，**與其說這些網頁是「我們真正想知道的內幕」，不如說是「企業想要刊載的廣告」**，這樣思考可能還比較自然。

當然，我也不是說「轉職網站上刊載的資訊全是謊言」。獲得日本勞動大臣（相當於台灣的勞動部長）許可而設立的公益社團法人全國徵才情報協會，也會受理和徵才廣告相關的紛爭諮詢。徵才網站無法隱瞞企業的不實資訊，這種明顯的舉動是不被允許的。

儘管如此，過去我在負責營運好幾個徵才網站時，如果下廣告的企業說：「請刪除這則抱怨的留言」，我還是得接受他們的要求。

這種刊載「對於付錢的企業有利的資訊」的機制，也存在於轉職機構中。每家轉職機構的做法不同，如果企業支付較多的介紹手續費，有些機構會優先處理他們的徵才廣告，將其工作機會介紹給求職者。

轉職機構的本質是「代理服務」。包含「自我分析」、「企業分析」、「面試對策」、「年收入交涉」等，都會代替我們執行，而且全部免費。然而，有些事情是絕對無法代理執行的，那就是你**轉職之後的工作與生活，也就是你的人生**。

轉職支援服務確實很方便，提供我們許多靠自己查詢也無法得到的資訊。但儘管如此，也請不要忘記這個事實：「轉職支援服務為我們做的，全都是二手資訊。」

比起二手資訊，「在面試場合上，或是和企業之間的信件往來、電話溝通」時浮現的情感——也就是一手資訊，實在重要得太多了。為了不錯過那些一手資訊，你需要琢磨肺腑之言。

原因4▼世上沒有能讓人「從此幸福快樂」的公司

我們之所以被迫認為「即使說謊也要轉職」，和「轉職神話」也有關聯。這個神話就是——「只要轉職到好公司，現在的煩惱就會全部解決。」

當然，世界上有很多好公司。法政大學研究所政策創造研究系的教授——坂本光司老師，從二〇〇八年開始出版《人們在日本最想要珍惜的公司》（日本でいちばん大切にしたい会社）一書，直到二〇二一年十一月為止，這系列已經出版至第七本了。該套書介紹了許多企業，包含公司成長、收益、重視員工的幸福程度，以及透過獨有的經營方法持續營運等，都讓讀者明白「好公司」有許多不同的定義。

還有很多所謂的好公司，像是只是沒有被刊登，但依然為人熟知的一流企業；現在仍舊寂寂無名，但充滿成長性的風險企業；經營者連續創業成功、手腕也很高明的企業；雖然外觀並不華美，但福利制度完善、營運穩健的企業……。

究竟要轉職到哪一家公司，才有機會在轉職之後「也」變得幸福呢？然而，無論轉職到哪裡，我們都無法變得幸福。正確地說，我們**無法「一直維持幸福的狀態」**。

為什麼？因為無論你或公司，都將**「持續轉變」**。

舉例來說，二十出頭的應屆畢業生出社會之後，來到足以認為「我就在這裡工作一輩子吧」的頂尖公司，接著在三十多歲生了孩子，或許就無法兼顧生活和工作的平衡了。在第二家公司，因為和主管處得不好而轉職的人，即使改善了人際關係，卻很可能在第三家公司反覆遭到調動。而每一次的職務變動，就會讓人對於厭煩的人際關係更加疲倦。

做出決定前，先自問 3 問題

某位諮詢者曾經與我分享：當我轉職面試時，有一位面試官堅定地告訴我：「我會一輩子做你的支援，請放心加入我們公司吧。」進了公司後，主管就是原本預定的那一位，讓我感動得不得了。當時我心想，能和這個人一起工作真是太棒了。但是，在我到職一年之後，那個人就轉職了。

這是真實故事。無論你或公司，都是會改變的。

沒錯，因為**「轉職會反彈」**。雖然有對你而言最好的公司，但並沒有「最好，也能持續留任的公司」。轉職也像減肥一樣，當你「想要一次逆轉勝」，結果就必然會反彈。

儘管如此，我也並不是想告訴你「就算轉職也沒有用」，而是希望你放棄「永遠都有最棒的公司」這個「轉職神話」，明白「轉職會反彈」的事實。當我們如此察覺，才會有這樣的想法：「無論公司或工作，都要依循自己的真實心聲來選擇，也要享受任何結果！」

那麼，「能夠依循真實心聲來選擇的狀態」究竟是怎樣的狀態？答案是在「轉職 Step 0」就探問自己以下這些問題：

- **你已經找到「進公司後的目標」了嗎？**
- **當狀況和進公司前想的有差異，你能接受嗎？**

當這家公司衰敗時，你還打算和這群夥伴一起努力嗎？

當你能用自己的想法來回答這些問題，就可以稱為「琢磨完成肺腑之言」了。過去，你的心被他人的意見、常識這類外在聲音所包圍，如今覆在心上的鏽蝕已經掉落，你已經準備好要展開轉職活動了。

原因5▼比起真心話，企業要的是更具價值的數據

在轉職活動之前，你必須知道：**「工作本身就有個不歡迎肺腑之言的特質」**。我們都在這「比起肺腑之言，還有更重要的事物」的職場上工作了許久。

這簡直就像足球場上，「原本就規定不用手來玩球」的規定一樣，當我們身在職場，場面話當然會優先被說出來。我也曾經有過好幾次「雖然想這麼做，但立場上說不出口」，結果還是遵從公司決定的經驗。

在職場上，有許多價值都比肺腑之言更重要。或許可以換個說法，稱它為「方針」。為了展現成果，人們很重視客觀的資料、根據、數字、調查等訊息，有時為了拿出成績，我們必須去做「其實不想做的事」。舉例來說，有些人為了營業額，就算不願屈服於顧客，還是向顧客低頭了；為了那個老是雞蛋裡挑骨頭的主管，有些人不得不在假日加班，只為做出超乎需求的縝密資料。

將自己的真心話和價值觀放在一邊，追求工作成果，是許多人都有過的經驗。

或許航海也是如此。有時候，我們並不會直線前往目的地，而是在脫離常軌的航線上前進。然而，在一整個月當中，應該幾乎都是這樣的日子吧？「我們到底想去哪裡？」人類和船隻都迷失了方向，結果都變得動彈不得，不是嗎？

因此，我們總會「被迫思考」以下這些議題：

- **我可以重新對工作燃起熱情，那一天會到來的！只要我轉職……**
- **我不再需要跟討厭的人工作了！只要我轉職……**
- **我也可以享受假日的時光！只要我轉職……**

如此這般，就像一句「讓我瞬間飛到目的地」這樣的咒語，我們緊緊抓著「轉職」二字不放。原本順序是「先找回真心話，再轉職」，卻演變成「只要轉職了，就可以找回真心話」。

當然，如果身處過度惡劣的環境而威脅到健康，那即使透過代理辭職（編按：這種代替員工向公司提出離職的「退職代行」服務，在日本已愈來愈流行）也必須離職，這可就另當別論了，這個狀態應該叫救護車。

不過，如果狀況並沒有那麼糟糕，我們可以「真心話在先，轉職在後」，以轉職之後「也」順利的人生為目標。

即使你曾經這麼想：「說到這個，我在職場上感受、談論真實心聲的時間似乎很少呢！」那並不是因為你的個性軟弱，也不是因為努力不足。因為在公司裡，無論是新進員工或管理階級，**「那些搞不懂自己真實心聲的原因，都藏在機制裡」**。

社會心理學家、精神分析研究者埃里希．弗洛姆（Erich Fromm）在世界暢銷經典《愛的藝術》（*The Art of Loving*）一書中，解說了「機制」的含義。他主張：我們都是「朝九晚五工作者」，甚至連感情都是**「事先被決定好的」**。

「現代人都是『朝九晚五工作者』，同時也是社會集體勞動力——也就是由事務員、管理職所構成的集團勢力——的要素之一。我們幾乎不可能自發性地採取行動，工作內容也都是被決定好的。關於這一點，無論位於金字塔上層、下層的人，幾乎無異。所有人都在被決定好的步調，採用被決定好的方式，持續處理著整個組織體制預先決定好的工作。甚至在感情層面，包含快活爽朗、寬容大度、忠厚可靠、雄心壯志，以及無論和誰相處都不會發生衝突，並能夠順利解決的能力，這些都已經被事先決定好了。」──（引用：《愛的藝術》（改譯・新裝版）第33頁）

我們可以說，「不懂肺腑之言」的人是比較多的。然而，「變得不懂得肺腑之言」，也確實是一種肺腑之言。當我們發現自己「不懂肺腑之言」的那一瞬間，肺腑之言就已經若隱若現了。

這就是面對自己的肺腑之言，所以我們可以說：自己正站在一個「脫離『只有』轉職順利的人」的起跑點上。也可以說，自己正在發揮「能夠透過眼前這個人的臉色、聲調來察覺對方的真實心情」，或「能夠壓抑自己，為了組織利益而行動」的強大能力。

「工作原本就不要求表達肺腑之言。」我希望你能沉著、冷靜地凝視那個「因為有這種想法，於是現在已經無法和肺腑之言產生對話」的自己。「你並不是因為想說謊才說謊的。」就像當有人對你亮出刀子，即使你自己並沒有做壞事，卻不由自主先講出了「對不起」一樣。

你之所以「只有」轉職順利，又再度陷入轉職前的鬱悶循環，原因就在於你身處「徹底用盡謊言的環境」中，於是肺腑之言被蒙上了一層灰。

許多人都不是因為「想對自己撒謊」才撒謊的。我在前面的章節曾提過，是因為年齡增長，和朋友之間漸行漸遠的「孤獨又複雜的轉職活動」，還有轉職機構、徵人網站的機制太過便利，以及原本「工作就是不歡迎肺腑之言」……諸如此類，因此，這個世界存在著「五種讓人徹底撒謊」的環境。

所以，你會陷入「好想離職」的循環裡，原因並不是個性或努力不足，明白了嗎？從下一章開始，我們就要開始「琢磨肺腑之言」，藉以斷開鬱悶的循環，走進愈來愈順利的循環裡。首先，我將告訴你第一個步驟，也就是製作「離職開悟筆記」的方法。

專欄 1

就算是經驗老道的轉職機構，也可能受騙

日本規模最大的轉職機構「RECRUIT AGENT」，約有一百二十五萬兩千名求職者（二〇一九年四月一日至二〇二〇年三月三十一日期間申請的服務註冊人數）。時至今日，轉職機構也是一種「常見的轉職手段」。瞭解轉職機構的實際狀況，是讓你在轉職之後「也」能順利過日子的武器之一。

在這個專欄，我要告訴你，這類轉職機構「與真相之間保持剛剛好的距離感」。

首先在一開始，請讓我忍辱告白。我曾經是一名「只」讓求職者轉職成功，結果使他們陷入了「好想離職」循環的「惡魔經理人」（編按：在日本，轉職經理人

是指轉職平台上的人力仲介，不僅會為轉職者量身打造，推薦適合的工作，也會告知如何投履歷和面試。此外，有些企業不會公開招募人才，徵人訊息只有透過人力仲介公司才會知道）。

時間回到九年前，當時我還是新進員工。我負責協助一位已經獲得IT企業C公司內定錄取的業務人員D先生（約三十至三十五歲）轉職，無論我用盡各種方式，都無法讓他接受錄取。這時候，我對他如此斷言：「C公司相當具有成長性啊！只要和公司一起成長，你的『市場價值』就會提升。D先生，現在就是你的勝負關鍵！」

D先生說：「既然佐野先生都說到這個地步了……」，於是下定決心轉職（被迫下定決心）。

那時候的我還在自我陶醉，認為「轉職機構真是一個最棒的職業」。然而，九年後的現在，我依然無法忘懷對於那段時期的懊悔。

事情突然有了轉變，應該是D先生進公司的三天後。原本負責擔任D先生職涯顧問的前輩E先生，把我叫出去，對我說了這句話：「D先生一臉慘白！那家公司根本就是黑心企業嘛！」

我腦中一片混亂。根據D先生表示，「進公司前聽到的工作內容、酬勞、福利、職位……，全部都不一樣。連公司的事業內容也不一樣。不止如此，社長甚至還從事遊走法律邊緣的灰色勾當。」

原來，C公司一直都在刊登不實的徵才內容。幸好，我的主管介入這件事和C公司交涉，再由負責顧問E先生協助D先生，最後D先生才得以轉職到我當時負責的其他企業。後來，D先生的轉職故事還登上了該企業的錄用網頁，見他如此活躍，我直到現在還記得，那時總算鬆了一口氣的樣子。

D先生也對我說：「能夠讓佐野先生您陪伴到最後，真是太好了。」然而，那不過是以一個好結果收場罷了。當時知道「工作跟說好的不一樣」而再來諮詢的D先生，從椅子上站起來說的那一句：「我一直都很相信佐野先生您呢」，我至今依然難以忘懷。

他的這句話，就是我創立「離職學®」，提供客戶用以擺脫「好想離職」循環的關鍵契機。但直到九年後的今天，我依然常聽到有人說我只是換個方式工作，

「你根本就是為了個人評價而出賣別人的職涯！」

我不會說這種事情會頻繁地發生，但轉職機構總不是完美的。而且，有時候新進員工擔任轉職經紀人，也可能不熟悉職種或業界等相關細節。也有些時候，他們無法掌握企業的內幕。請各位要先記住這一點。

在第二篇的專欄文章，我將會告訴你「惡魔與天使的轉職經理人真面目」，讓你能和「最棒的轉職經理人」相遇。

NOTE

第三章

4 關鍵，讓離職筆記
助你察覺自己的心聲

你該說的是錄用你的好處，而非對前公司多不滿

我們在第二章談論了鬱鬱寡歡的原因，也就是關於「讓我們徹底撒謊的五種環境」。從這一章開始，我要繼續告訴你「琢磨肺腑之言」的具體方法。

寫下對前公司的不滿，就不會讓恨蒙蔽內心

首先，**你必須先「理解」自己的真實想法**。在不理解自己真實心聲的狀態下，是無法琢磨肺腑之言的。若是想妥善地掌握住一切，就必須使用**「離職開悟筆記」**。

如果你瞭解「離職開悟筆記」的真正目的，就能掌握肺腑之言，那麼，當你在換工作時會出現怎樣的轉變呢？最大的轉變，就是面試將會「變成你和面試官之間

的沉穩對話」。

在換工作的過程中被好幾間公司錄取的人，都具備幾項條件。反之，根本拿不到內定錄取通知，或即使進了公司也拿不出工作成果，或是因人際關係不順遂而完全陷入鬱悶循環的人，都有一個共通點：那就是**「會講前公司的壞話」**。我指的並不是「壞話不能說出口」這種攸關倫理價值或禮貌的問題。

舉例來說，明明面試官問的是：「為什麼你會想換工作呢？」就有人會忍不住長篇大論，講了一堆「因為前公司很爛啊」的理由。

確實，有人是在惡劣的環境中工作，面試官也會寄予同情。然而，無論那個人說的話再怎麼正確，在面試場合上會說前公司壞話的人，根本不可能被錄用。

如果你想被錄取，**讓面試官強烈感受到「敝公司錄用你的好處」**，**會更勝於知道「你希望轉職的理由」**。

為什麼你會在面試時，忍不住說出否定前一份工作的話呢？

你應該很清楚「否定前一份工作，就像是在表達自己過去沒有判斷公司的眼光」，儘管如此，你還是忍不住會淪為情緒化，理由只有一個：那就是你並沒有好好紓解自己在前公司感受到的鬱悶情緒。換言之，你沒有讓仇恨昇華。因為心中有恨，你的肺腑之言蒙上了一層灰，那些藏在內心深處、你真正想做的事，就這樣不見蹤影了。

這就是為什麼你得寫下「離職開悟筆記」，來釋放心裡的仇恨，使之消散，幫助自己維持在「面試時不會說前一份工作壞話」的狀態下。筆記本裡無論寫了多少不適合讓別人看見的內容，只要你不交出去，就一點問題也沒有。**筆記本，可以說是專屬於你的安心歸宿。**

如果負面情緒得以被排解，你就不會在面試時說出對公司的怨懟。取而代之的是，你可以在面試時盡情表達「只要貴公司錄用我就可以獲得的好處」，也有時間能詢問面試官「進公司之後的預定工作細節」。

因此，掌握肺腑之言，就從吐露負面情緒開始做起。

精神科醫師認證！傾吐負面情緒好處多

精神科醫師暨精神保健法指定醫師泉谷閑示，也相當認同「吐露負面情緒」的效果。

「也就是說，請你準備一本類似『吐露心聲筆記』的小冊子，在你鬱鬱寡歡、焦躁不安時，務必動手寫下來。不過，因為這並不是日記，所以不需要每天規規矩矩地書寫。想寫的時候，無論寫幾頁都行，不管用多大的字、潦草亂寫也都無妨，甚至，如果想加入畫作或插圖也可以。總而言之，祕訣就是寫到你感覺神清氣爽為止。然後，這本筆記絕對不能讓任何人看，當然也包含你的心理治療師。（中略）接下來，最初雖然只是一本『吐露心聲筆記』，漸漸地它也會展現出豐富的內容，最後轉變成你用以自省的重要工具。」——（引用：《「普通比較好」這種病》〔「普通がいい」という病〕第120頁）

世界暢銷名著《論死亡與臨終》（*On Death and Dying*）作者，同時也是精神科醫師的伊莉莎白・庫伯勒-羅斯（Elisabeth Kübler-Ross），也相當重視「表達負面情緒」這件事。

「因為我一直透過許多人的見聞經驗來學習。他們讓我明白：只要不讓自己內在的憤怒情感表露出來，就無法接受原本真實的自己。就算騙得了別人，也騙不了自己。」——（引用：《生死學1：何謂生死學？》〔死生学1 死生学とは何か〕第204頁）

在音樂領域中，也有人總是「為了耳目一新而吐露心聲」。他就是從一九九四年正式出道後，創下CD銷量、演唱會現場觀眾人數等多項紀錄的搖滾樂團「GLAY」的團長——TAKURO先生。他說，自從樂團開始被合約、截止日期追著跑，他都會對團員提出某種要求。

「不過，GLAY的狀況是，我每隔幾年就一定會要求其他團員啦。這和那種音樂合作什麼的完全無關，就是要他們做出打從心裡想做的音樂。絕對不是『因為這次是動畫合作，怎麼樣？』也不是『因為是電影合作，如何？』我就是要他們給我耳目一新的曲子，跟他們說：『下一張專輯，我想要用這個來做……』。每隔幾年，我必定會提出一次這種要求。如果他們辦不到，那我就自己來。我會這樣告訴團員：『下一張專輯，我要全部自己作詞作曲喔！』」——（引用：《CONVERSATION PIECE：圍繞 Rock'n'Roll 的十則對話》〔*CONVERSATION PIECE* ロックン・ロールを巡る10の対話〕第21～22頁）

就像這樣，TAKURO 先生無論正在從事怎樣的工作，都一定會「吐露情感」、「重啟自我」，我想他已經擦亮了自己的肺腑之言。

再細微的負面情緒，都別放過

儘管如此，即使聽到「讓我們試著將負面情緒化成語言吧！」還是經常會發生一些令人困惑的事。因此，我希望你專注觀察的是**「細微的負面情緒」**。

像是工作時的焦躁不安、因難以理解某事而感到的困惑、悲傷難過，以及寂寞的思緒……，請試著寫出來你在職場上感覺到的「細微的負面情緒」，以及引發這些情感的理由。

順帶一提，為什麼我會將這本筆記取名為「離職開悟筆記」，而不是「負面情緒開悟筆記」呢？因為「離職」這個詞彙可以連結到「意識到終點」，所以就更容易將情感吐露出來。想像一下離職的那一天，就好像自己在職場上的最後一刻。

關於「意識到最後一刻」的重要性，作家稻垣麻由美也曾在她的書中，描述過心理腫瘤科名醫清水研的一句話：

「『人是這樣的生物，一旦意識到人生的終點，就會試圖去解決人生未解決的課題。』這是清水醫師所說的話。」——（引用：《人生真正重要的事：心理腫瘤科醫師與患者們的對話》（人生でほんとうに大切なこと がん専門の精神科医・清水研と患者たちの対話）第6頁）

「假設自己要離職，也就是在這個職場上度過的時間終將結束，我會察覺到怎樣的真實心聲呢？」請試著用這樣的方式來探問自己的內心吧。

先傾吐不滿，才能找到真正的工作意義

實際上該如何透過「離職開悟筆記」，昇華自己的負面情緒，然後察覺到清晰的真實心聲呢？

讓我來說一個故事吧。任職於製造業的總務負責人F小姐（約三十五～四十歲），對於「不看別人眼睛說話」的主管G先生感到煩躁，這樣的日子已經持續了三年之久，她一直為此煩惱，老是想著「應該只能換工作了吧……」。另一方面，同事、前輩的態度則是無奈地勸她：「G先生啊，我們拿他沒轍啦。從轉職到這裡的五年前開始，他就一直都是那個樣子。最近我們寧可他在電子郵件裡寫個『。』也沒關係，因為剛開始他光是寫一句『我明白了』，大家還會小心翼翼地揣測『他是不是在生氣？』」

F小姐熬過焦躁期之後，似乎養成了壓抑感受的壞習慣。再這樣下去，她就不

會再以肺腑之言來挑戰轉職，而是將以「因為討厭主管」而展開轉職活動，然後又會陷入鬱鬱寡歡的「好想離職」的循環裡。

先寫出來，釐清自己的情緒狀態

於是，當我和F小姐一起書寫「離職開悟筆記」時，試著問她：「唉呀～講話都不看別人的眼睛，這種人還真想賞他一巴掌呢。不過，為什麼妳對G先生的態度會焦躁到這種程度呀？」

F小姐回答：「對呀！為什麼我會焦躁到這種程度啊？」看來連她自己也感到不可思議。但是她又說：「我都在意三年這麼久了，根本的原因一定藏得很深。」她就先把筆記本放了一陣子。下次再遇到她時，我都還沒問：「知道理由了嗎？」她就口若懸河似地，將寫在「離職開悟筆記」裡的內容快速地唸給我聽。

我知道自己為什麼對主管感到焦躁不安了。

因為沒意義的資料製作任務一直增加，大家疲於奔命，加班時數也不斷提高。

說實話，總務並不是那種會帶來營業額的部門，而是會增加成本的部門，對吧？所以，明明不能壓低成本，又要提高加班費，到底是想怎樣啦？我只是請G先生把他的想法表達出來，員工的壓力和加班費就都會減少了。都是因為他沒辦法好好溝通，就是因為他……

F小姐說：「這是我第一次，把自己長久以來焦躁不安的理由化成文字。愈看這本筆記，我就愈有一種感覺：『應該可以更生氣才對吧！』」那個曾經說過「總務部門是不太有情緒起伏的工作」的F小姐，已經不在了。

慢慢挖掘藏在更深層處的心聲

然而，肺腑之言隱藏在更深一點的地方。在「揣測對方之後，白費力氣的工作一直在增加」、「必須壓低成本」這些客觀的論點深處，存在著F小姐自己真正的主觀想法。以客觀角度和理性來思考的事情背後，隱藏著以主觀和感性掌握的肺腑之言。「琢磨完成的肺腑之言」並不是第三者的意見，而是你的**主觀看法**，也是在你心底深處，宛如岩漿一般激烈翻攪著的情感。

因此，為了琢磨出肺腑之言，我請F小姐再思考一件事，那就是：「為什麼當身邊的人都放棄了主管的態度，妳卻感受到強烈的情緒，甚至強烈到想要離開公司呢？」這個問題的答案，似乎就藏在她參加管樂社的學生時代。

高中時，我參加了實力堅強的管樂社，當時的顧問老師是那種會說出：「……然後呢？」接著沉默地給人壓力的類型。

所以，我們確實會觀察老師的想法，然後再自己採取行動。只是，畢業後學長姐幾乎都變得很討厭音樂。他們說：「因為每當吹奏失敗，周圍的視線看起來好像都在說『……然後呢？』」明明他們原本是那麼喜歡音樂的……。

隨著故事的推展，F小姐開始將肺腑之言化為文字。

所以到了我這一屆，這個狀況就改善了。我們和顧問老師討論，說到：「如果說不出口，就請您寫出來。」我們跟他說：「如果不能享受演奏，不就沒有意義了

嗎？」「我們原本就只是一群單純喜歡音樂的朋友，才會加入社團的呀。」後來我還跟顧問老師開始寫交換日記了呢。（笑）

說著說著，F小姐似乎察覺到了，原來自己的肺腑之言藏在更深層的地方。

原來如此。與其說是想要改變那個主管，我更想要待在那個享受工作本身的總務部。阻礙之一雖然是主管，但「改變那個人」並不是我的目標。

於是，F小姐建立一個名為「先別管主管的態度，大家一起來聊天吧～」的群組，創造出閒聊的場合。當同事在群組上傳了照片，說：「看看我們家的貓咪！」時，那個沉默寡言的G先生按了一個「讚」。明明其他的貼文都略過了，他卻問同事：「貓咪叫什麼名字呀？」表現出一副很在意的樣子。在工作單位吵吵嚷嚷時，F小姐直接問起：「您喜歡貓咪嗎？」結果G先生回答：「貓咪有不可愛的時候嗎？」表明自己是一個非常迷戀貓咪的人。

一旦了解真實想法，就能展開積極行動

Ｆ小姐吐露出負面情緒，瞭解了肺腑之言，現在她變得能和主管（造成自己焦躁的原因）保持「良好距離」了。

雖然Ｇ先生還是不會好好注視著我的眼睛說話，不過當我知道「他也是個單純喜歡貓咪的人」之後，就能對他說出：「Ｇ先生，可以請您看著我，再聽我說話嗎？」這句話了。上個月面談時，我也跟他坦率地分享了加入管樂社時期的故事。

長達三年都感覺焦躁不安的Ｆ小姐，如今已經可以推動主管做些什麼了。

結果，Ｇ先生也向我道歉了喔：「因為總務部是成本控管中心，我想說必須讓氣氛嚴肅一點，才會用那種態度對待妳。抱歉。」而且，我知道總務部的思考方式本身也是一致的。當初沒有一本正經地說出：「我再也受不了了，我要離職！」這種話，真是太好了。我也想起了重要的價值觀呢。

把對主管的焦躁不安潦草地寫在「離職開悟筆記」之後，她也回溯過往，試著思考：「為什麼那件事對我來說是憤怒的導火線？」F小姐擦去了「對主管的焦躁不安」這層灰，她的肺腑之言是：「好想待在享受工作本身的部門裡」。

讓F小姐的肺腑之言展現出來的關鍵，是她發現了原本在腦中思考的「總務應該壓低成本」背後的情緒，而這份情緒就是：「原來我渴望愉快地工作啊」。發現之後，她主動採取「建立聊天群組」之類改變公司的行動，也推動主管加入聊天的行列。

一旦瞭解了肺腑之言，人會主動地變得更有行動力、更有創意，甚至連自己都感到驚訝。

負面情緒和肺腑之言的關係，就如同一個杯子裡分成兩層的油和水。油是鬱悶、焦躁之類的負面情緒，下方的水則是肺腑之言。我們要先將油（負面情緒）給去除，然後才看得見水（肺腑之言）。

每週寫下一次令你感覺不悅的事

對於還不習慣面對肺腑之言的人來說，即使打算開始書寫「離職開悟筆記」，也許還是有許多困惑的地方。

就算聽到別人說：「透過吐露負面情緒，就能變得有創意、有行動力。」應該還是有人會覺得「我可不想被負面情緒牽著走」吧？

的確，負面情緒擁有強大的力量，總會讓我們下意識想把視線移開。當我和諮詢者一起製作「離職開悟筆記」，有時也會誇張地回應對方：「這件事要對主管發火比較好呀！那就像隨便修改公司的電腦密碼一樣簡單！」像這樣，一步一步地請對方表達出真心話。

因持續掩蓋而不見蹤影的肺腑之言，原本究竟是什麼模樣呢？我們甚至連這個問題的答案都不知道了。我們平時既不會練習感受憤怒、悲傷，進而察覺到自己的肺腑之言，而且在公司，也不會被別人催促：「請儘管將鬱悶、焦躁的感覺說出來吧。」在我的感覺裡，有八成左右的人一開始都會這麼說：「這不是那種值得一提的負面情緒啦～」

然而，就算肺腑之言沒有立刻被表達出來，你也無需焦慮，沒關係的。

人愈忙，就愈容易忽略帶有負面情緒的肺腑之言。請務必買一本筆記本，**每週寫下一次令你感到焦躁、鬱悶的事**。接著，每個月回顧一次，如果覺得「現在也悶悶不樂的耶」，就像Ｆ小姐回溯那件事到學生時代一般，試著探問自己：「之前是不是也發生過這種事呢？」我相信，你一定會發現「我珍惜的肺腑之言，原來一直都在沉睡著呀」。

認同自己，就不會動不動便想離職

將「好想離職」、「吐露負面情緒」寫出來之後，有時我們會擔心被他人認為「陷入困境的人，似乎工作不太能幹」，但絕對沒這回事。

即使職場上的人際關係融洽、工作表現也優異的人，有時還是會陷入這種循環裡。實際上，諮詢者當中也有不少人是「喜歡工作」，同時「也拿出了成果而被認同」。

「好想離職」的鬱悶心情，不是忍耐，就可以遺忘的。這並非暫時性的情緒，如果放著不管，又會再次陷入惡性循環。

讓我察覺到這件事的，是擔任業務職的H小姐（約三十～三十五歲）。她的轉職活動一直都很順利。當我問她為什麼會從那些公司離職，我才明白「好想離職」的鬱悶感，是許多人職涯中至少會陷入一次的循環。

明明工作表現優異，為什麼還是「好想離職」？

H小姐離開現在的公司後再轉職，下一家就是第三家公司了。她的工作表現還不錯，但是到了第二年春天，她發現自己「又想離職了」，於是來到我這裡諮詢。然而，整件事很不可思議。H小姐不僅業務成績優異，和主管之間的關係也很融洽。究竟是為什麼，她竟然會有「是不是該離職比較好」的煩惱呢？

因為真的很累呢。就算拿出了工作成果，但是業績目標又會跟著提高。跨越那些難關，確實可以讓我有所收穫，但是，那又算什麼呢？持續達到業績目標，究竟有什麼意義？我愈來愈搞不懂了。

H小姐持續陷落在鬱悶循環裡，而那循環的真面目就是——工作沒有意義。

我心想：「她一直到目前為止，也許都是因為同樣的理由離職。」於是問她：「請讓我再問一個問題。妳認為這次自己是為什麼想要離職呢？」H小姐低下頭，思考了三十秒左右，但那一天她還不知道答案。

兩週後，她帶著答案過來，告訴我以下這段話。當一個人在獨處時思考，肺腑之言就會顯現出來。

我花了些時間，試著思考過了。這次或許也是相同的狀況。即使自己持續達成業績目標，我卻愈來愈搞不懂會發生什麼好事。我再也不能欺騙自己「只要成果做出來就好」了。因為我無法只是把工作成果做出來，就認為這是有意義的。難不成我會一直因為類似的理由反覆換工作？接下來我該去怎樣的公司才好呢？也許，其實我並不適合當業務。

確實有像H小姐這樣的人，即使工作順利進行，心裡卻感覺不到踏實。

工作價值不必別人給，自己也可以賦予

那麼，H小姐究竟是如何擺脫鬱悶循環的？事情經過是這樣的。第一次諮詢過後，我請H小姐整理了一份作業。

H小姐，您告訴我「工作沒有意義」，成了您的瓶頸，所以才會反覆不斷地離職。從現在開始，請讓我跟您一起思考這個「沒有意義」的真相，以及您是否曾經有過切身的經驗。所以，請您先回想從學生時代一直到今天為止，是否發生過讓自己感到「就算努力也沒有意義」的事，然後在下次見面時告訴我。

相反地，如果您也發現一些感覺有意義的事，或是被您賦予了意義的事，也請您再說給我聽。

再次抽出時間獨處的H小姐，兩週後做了一份年表給我看。

H小姐告訴我，她在學生時代曾參加過籃球隊，儘管自己已經成了正式球員，在比賽場上也相當活躍，但依然有「最後還是會引退吧」、「如果沒能拿到冠軍，只會留下輸球的紀錄」的感覺。這時候，她會感到極度沮喪，心想「還是放棄籃球好了」。因為沮喪感太過強烈，為了不想起加入籃球隊時期的自己，於是她一直都在掩蓋著這些心情。

「您是在後悔，覺得不要打籃球比較好嗎？」當我這樣問，H小姐很肯定地說：「我並不這麼認為」，接著往下說她的故事。

當我把自己的籃球知識傳授給學弟妹，然後得到他們「學會了！」的回饋時，心裡真的很開心。賽後我還會製作分析筆記、和夥伴們一起開會，這些時候也會讓我感覺自己很有價值。

對於H小姐而言，這就是「斷開鬱悶循環的肺腑之言」。

H小姐正是抱持著這樣的價值觀：將自己的經驗化為眼睛可見的資訊、留下紀錄，再持續傳達給身邊的人。如此一來，即使沒能留下讓任何人盛讚的客觀結果，也不會感覺自己的辛苦徒勞無功。

實際上，當H小姐要更換負責客戶時，都會為下一位負責人員詳細書寫一份交接報告。報告裡會提及顧客公司和負責人員的個性、顧客開始使用自家產品的原因，甚至連商談的紀錄、日期，以及最初展開商談的關鍵原因等，都會一一寫下來。就像這樣，**「工作價值」就在自己的身邊。即使沒有任何人要求，你都能「擅自採取行動」，並且在那些行動中找到價值。**

後來，H小姐告訴我「為了身邊的人而運用自己的經驗，讓她感覺到工作的價值」，這是她出社會以來未曾發揮過的特質。在現在的職場，雖然人際關係融洽，卻是一個單打獨鬥的業務組織，成員間不會彼此分享工作知識。儘管公司希望「大家一起切磋琢磨」，團隊成員依然不會說出自己的成功經驗，所以給了她一種孤軍奮戰的感覺。

這些狀況日積月累，於是H小姐心中「即使努力，如果自己不在了，這份努力也就不存在了吧」的無意義感，就讓她掉進了鬱悶循環。

憂鬱，也是提醒釐清內心想法的警鐘

這位擁有「觀察力、技術力、提高組織水平能力」的H小姐，如今在業務顧問公司十分活躍。她告訴我，不僅面試進行得很順利，也毫不費力就轉職成功了。最後，她似乎選擇了「技術本身」就是工作內容的業務顧問公司。

「換工作之後，妳的鬱悶情緒變得怎麼樣了？」當我這麼問H小姐，她回答時的表情看起來很愉快：「工作很不容易啊～不過，只要把工作全部做完就好了。因為我的辛苦對顧客來說，全都是可以參考的案例。」

「現在就算我心情鬱悶，感覺也很類似嬰幼兒的『不要不要時期』，就像看見自己的小孩一樣。雖然我還沒有小孩啦（笑）。」看來，H小姐已經找到了和鬱悶相處的方式了。

只要能和鬱悶維持良好的距離感，就可以這麼思考：「這份鬱悶又要告訴我：『肺腑之言蒙上一層灰』了。」鬱悶的情緒，就是讓我們開始琢磨肺腑之言的訊號。H小姐再也不會掉進「該怎麼辦才好？」的循環裡，也不可能再隨隨便便地就決定要轉職。

多數人在一生中都至少會有一次「好想離職喔」的念頭，而感到鬱鬱寡歡。這是很正常的，就像感冒一樣自然。事實上，根據人才派遣公司 Staff Service Group 的調查顯示，無論哪一個世代，有八成以上的工作者回答：「曾經有過『好想離職』的念頭」。這個數據來自一項千人問卷調查所得出的結果，調查對象包含「Z世代」（**編按：多數國家定義為一九九五年之後出生的人**）、「Y世代」（**編按：**

泛指一九八〇年代至一九九〇年代中期出生的人，也被稱為千禧世代）、「就職冰河期世代」（編按：一般指一九九三年至二〇〇四年出社會的人，也被稱為失落的一代）和「經濟泡沫世代」（編按：指一九六五至一九六九年出生的人，他們出社會的時間恰逢一九八〇年代後期日本泡沫景氣時期）等四個工作世代的人。

通常只要透過挖掘自己的過去，就可以看見鬱悶循環的根本原因。乍看之下，那或許是灰暗的過去，但也是毫無偽裝的自己的真實心聲。我們現在感覺到的負面情緒、不怎麼想回憶的過去，都是了解「內心真正心聲」的最大暗示。

你的工作價值，就該由你定義！

當我請「想離職」的人書寫「離職開悟筆記」時，常被他們問到一個問題。這個問題就是：「這樣的工作價值是正確的嗎？」無論是在個人遇到的狀況，或是感覺無法對別人說的事裡，他們發現「感覺到工作價值的自己」之後，卻會開始煩惱起來：「這樣想真的沒問題嗎？」

究竟「工作價值」有沒有正確答案呢？

某天，我和一位培育業務員工的研修公司社長談話。我試著向他請教，像H小姐那樣「明明是業務，卻對提升業績感受不到意義」，而是「對於將自己的經驗傳授給後輩，可以感受到工作價值」的員工，他抱持著怎樣的看法。

這位社長回答：「我並不贊成那樣的工作價值」，並告訴我以下的理由。

直到目前為止，我已經培育超過一萬名的普通業務，並讓他們成為頂尖業務，

或許H小姐的工作價值是應該修正一番。理由很簡單。她認為的工作價值的箭頭是「自我導向」，而不是「我想對『願意使用我販售的商品或服務的人』有所貢獻」這樣的「顧客導向」，對吧？

一直以來，我推動業務的成長，就是鼓勵他們從「自我導向」的動機轉變為「顧客導向」的動機。H小姐可說是偏離常軌了呢，她還是提早修正軌道比較好喔。

這個理由令我大吃一驚。因為我以前在從事業務工作時，也一直都是「去跟人事部或社長問出公司真正的內幕吧！」那種愛瞎起哄的個性。其實，我對於確認「原來徵人資訊裡寫的內容和實際的職場狀況不一樣」，才感覺有價值。不得不承認，當時我都是用「自我導向」的箭頭在工作。

你是否真心感覺到工作的意義？

然而，採用「自我導向」箭頭的H小姐不但拿出了工作成果，工作時看起來也很愉快。主管並沒有要她做的「知識統整」、「失敗案例分析」，她全都做了，而且也開始培訓後輩。

我原本以為工作價值、工作動機是「即使沒有許多人讚賞也無所謂」，於是向那位社長提出了一個壞心眼的問題。

您說「為了顧客的利益」才是工作價值，那就意味著：一位醫師最好是以「為了患者的健康」為理由而工作，而不是「為了瞭解身體的奧祕」而工作，對吧？

那位社長看著我的眼睛，回答：「你說的沒錯。」於是我請他讀一段文字，這是擷取自《關於工作的九大謊言》（*Nine Lies About Work: A Freethinking Leader's Guide to the Real World*）一書中，一位麻醉科醫師邁爾斯的故事。

內容如下：

「優秀且成功的邁爾斯醫師，討厭幫助患者恢復健康的壓力。儘管如此，他卻熱愛著「沒有正確瞭解麻醉作用的機制，讓患者身處於死亡邊緣，在生死的交界處來回徘徊」的心理壓力。

或許，有人會對這樣的邁爾斯醫師頗有微詞。「不對吧？身為一位醫師竟然不會對看見患者康復而感到喜悅，他怎麼可以這樣？頂尖醫師的意義，難道就只有這種程度嗎？」

但是，這種批評有什麼好處呢？邁爾斯只不過是邁爾斯而已。他很清楚自己為什麼會成為醫師、為什麼會成為麻醉科醫師，也很清楚自己最喜歡麻醉科醫師哪個部分的工作。」——（引用：《關於工作的九大謊言》，繁體中文版由「星出版」出版）

邁爾斯也擁有「內在導向型」的工作價值，但他很成功，不僅從患者那裡獲得好評，對工作也感覺有意義。難道邁爾斯是一位糟糕的醫師嗎？

的確，他或許並不是我們多數人所期待的「為患者犧牲奉獻的醫師」。如果有其他醫師有同樣的成果，也在工作中找到了價值，我們可能會選擇那一位醫師吧。然而，邁爾斯本人因為現在這份「荒唐無理的意義」，就結果來說，也獲得了工作價值。邁爾斯要告訴我們一個比起「應該擁有怎樣的價值」、「要在工作中找到怎樣的價值」更為重要的問題。

那就是：「**我是否真心感覺到工作的意義？**」

假使邁爾斯被告知：「作為一位醫師，那樣的工作價值並不好」，於是要求他修正，他也不可能得到和他人一樣的結果，甚至感覺到和他人一樣的滿足，對吧？即使被醫師、醫療相關人士給予了好評，也一定會因為「我在對自己說謊」，而感到煎熬。謊言將成為阻塞我們真實心聲的蓋子，那也是扭曲形狀的外在壓力。

所謂「工作價值」，與其說是能否用許多人認同的、措辭漂亮的話語來表達，你能否「用真實心聲來感受」，才是最重要的。因為你就是你，而不是別人。邁爾斯或許突破了「標準醫師」的框架，但他的人生順從了「無可取代的自己」的真實心聲。

到這裡為止，我為了告訴你「工作價值可以不必被他人理解」、「比起被同業讚揚，關鍵是不對自己說謊」的重要性，讓研修公司社長的故事成為我筆下的故事。

順帶一提，這位社長的工作價值是：「將他創造出來的業務成長模式，介紹給三．五%的上市公司。」他笑著說：「原來我也是內在導向型呢。」

社長的成長模式將有怎樣的變化呢？我已經開始期待了（笑）。

真心話是極其私人的，別參雜了其他考量

在諮詢者當中，有人強烈抵抗「從吐露負面情緒開始，找到自己的真實心聲」，當中有些人認為「難道沒有更輕鬆、簡單的方式嗎？」於是質疑我所提出的方式。

坊間有許多工具和課程，都是為了理解自我、整理情緒而設計的，每一種都是根據調查而設計出的實用工具。

但是，如果沒有「讓肺腑之言被擦亮」，也就是沒有轉變成「接觸到某種意見或資訊時，就能立刻表達真心話的狀態」，或是成為「能利用真心話來判斷事物的自己」，那麼被工具分析出來的真心話，有時會變成「被工具或課程認定為真心話的真心話」，所以必須特別留意。

你有過這樣的經驗嗎？在公司裡，就算聽到主管說「什麼都可以說」，你還是

有一種「話雖如此，但如果講了真話，他還是會生氣吧？」的感覺，於是就用其他話矇混過去。

也曾有一位諮詢者，跟我分享了他「被迫選擇」的經驗。他就是對公司的職涯診斷課程感到厭倦的工程師I先生（三十五～四十歲）。據說，公司會舉行「定期的職涯面談」，幫助員工「形成自律的職涯生活」。

I先生這樣解讀了實際狀況：

這根本只是想讓員工自己選擇「公司希望員工選擇的職位」啊。當我寫出真實想法，表達自己其實想繼續留在第一線，當一個鑽研技術的工程師，結果人資主管就告訴我：「因為你被診斷為適合從事管理職，所以還是離開目前的領域比較好。」就像這樣，很多員工就是因為厭倦這種謊言而離職的，我還寧可他們明白地告訴我：「我們公司並沒有只追求技術的職位」呢。

I先生是個性格尖銳的人。當自己的真實心聲，似乎就要被隱藏在公司的意圖裡時，他就會藉由反彈來保有「誠實的工作方式」。一旦他感覺工作好像「累積了好多謊言」，而感到鬱悶時，就會在私人時間設計APP，以滿足自己想增進技術的欲望。

將自己的想法放在第一位

但I先生也告訴我，當他配合公司的意圖而持續獲得了好評，才發現「有個後輩因為搞不懂自己，而申請停職了」。據說，這位後輩曾經和I先生商量過：「其實比起通才，我更想選擇專家之路。但是，公司願意錄用零經驗的我擔任工程師，也讓我感覺過意不去，所以沒辦法坦率地把真心話說出來。」

對公司有情義、忠誠，是很棒的一件事。在這個人人高唱「把公司當作墊腳石吧」、「在個人工作的時代存活下去吧」的時代，足以成為墊腳石的公司並不穩定，但能夠獨自倖存的個人也不夠強大。

因此，「為了公司而工作」絕對不該是被否定的決定，對吧？倒不如說，當「為了公司而工作的人」正在減少時，反而是一種更稀缺的工作模式。經營者總是在尋求「讓利害關係和公司立場一致的工作者」，這樣的人將會成為管理職，然後再晉升為高層，這也是職涯的現實。

然而，假設自己並不期望出人頭地，或是根本不願意背負現在這家公司的招牌……，這時候，請以你自己為優先考量，請珍惜自己的肺腑之言。你心中的真實之聲，未必要成為讓公司成長的手段。肺腑之言，就該被當作肺腑之言來珍惜才對。

「我想為公司工作，也想要報恩。但是……」如果你有一丁點這樣的感覺，**接在「但是」後面的話，就是你的肺腑之言。**

關鍵1▼想寫什麼都可以，這可是你的心靈垃圾桶

接下來，我將具體地告訴你製作「離職開悟筆記」的祕訣。讓我們吐露負面情緒，掌握自己的肺腑之言吧！

「離職開悟筆記」裡要寫什麼都可以。沒有人會對你說教：「都已經是大人了欸……」，沒有人強迫你積極向上，也沒有那種明明沒有任何要求，卻給你建議的人。**離職開悟筆記是一個「自己專用的心靈垃圾桶」，無論丟什麼進去都沒問題。**

儘管如此，如果一直以來你都以在公司扮演的角色為優先，更勝於自己的肺腑之言，有時就很難將那些可說是邪惡的負面情緒，全部表達出來。其實，之前提到的業務H小姐就是其中之一。她也曾經說過：「這件事確實讓我心裡有疙瘩，但我已經出社會了，這種小事還是得忍耐一下」、「很討厭老是在抱怨的自己」這樣的話，由此可知，**內疚感或責任心強烈的人，往往會優先迎合身邊之人的期待，更勝**

於自己的情感。

讓H小姐大感痛快的關鍵，是她開始在「離職開悟筆記」裡貼上照片的那一刻。她從臉書下載了一張大頭照，就是那個明明表示「什麼都可以商量」，但真的跟他說了些不滿意的話，卻變得很不高興的主管的照片。

就這樣，H小姐的「離職開悟筆記」作業貼著大頭照，右頁則是填得滿滿的「討厭的具體理由」。

察覺到肺腑之言時，一個人煩惱雖然也有效，但只要嘗試寫下來，原本僵化的真心話就會開始啟動了。

有時候，向「比自己更習慣表達真心話的人」請教，也是一個方法。當我不斷講出：「這件事妳應該要更生氣才對吧？妳不會瞧不起他嗎？」這些話時，H小姐會說：「謝謝你代替我生氣，但他沒有過分到那種程度啦！（笑）」於是便能夠調整真心話的波動幅度。

當我們看見正在生氣的人，心裡可能會覺得：「應該沒必要那麼生氣吧」；相反地，看見被不合理地打壓，卻什麼話都沒說的人，我們心裡也會覺得：「不對吧，你應該更生氣才對」——就像這樣，有時候只要接觸到別人的肺腑之言，也能把自己的真實感受調整得恰到好處。

就像這樣，一邊借助照片或別人的力量，一邊「先試著擺脫怒氣、不安、焦慮」，肺腑之言就會變得更加清晰。只要甩開鬱悶情緒，你將會更明白自己的真實心情。

關鍵 2▼正、負面情緒都有價值，無須壓抑

在諮詢者當中，也有些人表示「希望經常保持積極正向」，他們認為「表現出負面情緒，感覺自己也會變得弱小」，因此，對於表達負面情緒抱持著猶豫不決的態度。

積極正向的人不但充滿魅力，也讓人想要追隨。另一方面，應該很少人會想和總是表露出負面情緒的人在一起吧？

你身邊是否有那種「即使失敗了也不氣餒，看起來總是積極正向的人」呢？

那些人並非「心理素質強健」，而是「不對自己說謊」。因為察覺到自己心底深處的聲音，所以即使失敗了，也能夠這樣思考：「哎呀，這是自己一直都很想做的事嘛。」他們擅長傾聽自己的內心，總是面對真實心聲，才能保有柔軟、富有彈性而堅定不移的自己。

你不一定總是要正向、積極

實際請教那些擅長傾聽自己內心的人，他們都說自己常常「理智斷線」。

在轉職機構工作的職涯顧問J小姐（約三十～三十五歲），向來以一種玩電玩的感覺來量化情緒。

比方說，當她聽見主管說了令她不開心的話，就想：「剛剛那句話真讓人火大。好的！主管扣分！」如果某個後輩不願意接受她的建議，則是：「很好！他居然是這個態度。後輩扣分！」

順帶一提，據說只要扣滿十分，她就會去買喜歡的香氛水氧機專用補充液。J小姐表示：「那些傢伙都是我香氛生活的養分喔！」她就是這樣自我調適的（笑）。

我並不是要爭論負面和正面哪個才好。這就像因為有正反兩面，一枚硬幣才得以成立的意思。**正是因為人類有負面和正面的情緒，才能形成完整的真實心聲**。只有其中某一面，就算不上是硬幣了；如果心靈只剩下其中一種情感，最後也只會因勉強自己而感到疲憊不堪，不是嗎？

請珍惜「不想要一直都很負面」的情緒，同時理解「負面跟正面情緒是好朋友」的概念，試著發現自己的真實心聲吧！面對那個「鬱鬱寡歡」、「焦躁不安」的自己，你可以認為「這就是我的本質」，而無須將自己逼到絕境。負面情緒是肺腑之言的背面，也是讓你窺見肺腑之言的訊號。

關鍵3▼怪罪他人也無妨，重點是不對自己說謊

想讓「離職開悟筆記」進行得更加順暢，重點在於「**決定他責**」。也就是說，不怪罪自己，而是「怪罪他人」。

「他責」或許是有些讓人想要逃避的詞彙，但對於一直以來都以任務或期待為優先，將真實心聲放在最後考量的人來說，這個詞彙將成為掌握肺腑之言的強大推動力。

在前來與我諮詢的對象中，有許多人心想：「總覺得老是在怪罪別人」，於是無法繼續製作「離職開悟筆記」。為什麼會這樣呢？因為在工作上，我們都被教導：「無論任何事都應該對自己追究原因，要不斷自我改善並採取行動。」換句話說，我們都在「自責思考」，而這個世界上也沒有那種「可以不斷將問題歸咎於他人」的職場。

當然，要在工作上展現出成果，我們必須自責思考。但自責思考之所以有效，是在工作順利進展時，以及自己在做主動想做，而且感覺到「我很開心，我覺得自己正在成長」的事時。要是沒有這份切實的感受，自責思考就會成為壓垮自己的十字架，讓你陷入「全都是我的錯」的思維裡，把自己逼入絕境，甚至可以稱之為「自罰思考」。

在你的筆記裡，你就是老大

因此，我們需要的思考方式是「他責思考」。如果主管針對你的錯誤咎責，你就想「那是主管的管理失誤」。當客戶對你說：「那種事我可沒聽說過」，你就想「是那個人的理解能力不足」。

光是看到這些句子，我們應該都會心想：「竟然有這種不負責任的人？」於是想和這樣思考的人保持距離。確實，如果在真正的職場上講出這種話，其他人應該會對你避而遠之，然而，發揮**「他責思考」只會出現在「離職開悟筆記」裡**，所以完全沒問題。

先打造出這樣的「心靈避風港」，就能持續產生肺腑之言。這樣一來，無論哪天又在想換工作或是「還是在這間公司繼續努力好了」之間猶豫不決，心中都會更加篤定。

事實上，網站專案經理K小姐（約二十五至三十歲）夾在公司內部的設計師、工程師，以及委託網頁製作的客戶之間左右為難時，就使用了「他責思考」：

真的就是有那種老是無理取鬧的客戶！明明合約裡清楚規範著「服務範圍」，卻總是有人一直提出要求，說什麼「這裡也要幫我修改一下」。沒錯，我明白，提前做出調整是網站專案經理的工作，才不必來來回回多次修改。可是，如果腦袋一直被那種理性的論調給填滿，內心會承受不住的。我會在心裡對客戶說：「這種鬧彆扭的態度有害我的心靈，我要跟您索取賠償金喔！」（笑）

在一般情況下，客戶的立場都很強硬，當我們左右為難時，往往會認為「真心話根本無法說出口」，也因此，K小姐當初來諮詢時非常地痛苦。她的口頭禪是

「這麼說沒錯，但是……」，只要我窺見了她一點點的真實想法，她總是習慣立刻掩蓋起來。

如今，她也發揮了天生的幽默感，能笑著告訴我：「我現在每天都在腦子裡對客戶請款呢！」聽說她已經建立了一套機制，只要鬱悶感開始累積，就會要求交情不錯的工程師請她吃午餐。我現在有點擔心，工程師會不會在「離職開悟筆記」裡寫上「被逼請吃午餐好痛苦」了。（笑）

在職場上總是發揮「他責思考」，確實會被別人討厭；但是**在「離職開悟筆記」裡，你就是國王、女王**，是人人都要服從的規範。因此，當你「好恨那個主管」時，就把所有的責任都推到主管身上；當你「好想拒絕客戶的要求」時，就可以把所有的責任都歸咎在客戶身上。

或許你會認為「把他責思考做到這種程度，真讓人過意不去」……，但請你姑且一試，盡全力去歸咎於他人，在你心底深處的肺腑之言就會開始運作。

其實多數人都會認為「或許也沒那麼糟糕」，也不會想著「好想怪罪別人」，對吧？正因為習慣了自責思考，等到回過神來，才發現已經很難從「被迫對自己說謊的環境」中脫身了。

當你試圖表達真心話，心裡卻立刻浮現出：「話雖如此……」時，就請你想想：「難不成是自責思考太過強烈了？」然後試著「盡全力去歸咎於他人」吧。

關鍵4▼獨處絕對有必要，才能夠好好琢磨

書寫「離職開悟筆記」時不必焦急，你可以慢慢地、仔細地寫。如果可以，請試著在休假日、年底年初、暑假、黃金週（編按：指日本在四月底至五月初的多個節日組成的大型連休）等長假，一個人靜下心來好好地寫。

不在乎他人的眼光的人，也可以和能夠信賴的朋友或專家一起進行，但若是有點在意他人眼光的人，往往會覺得「寫出這種東西似乎有點糟糕」，因而掩蓋了真實心聲。

請將「肺腑之言」當作一位靦腆害羞的情人吧，只有你能與他對話。這就好像，如果這位情人對你說：「跟我喜歡的朋友一起去約會吧！」你應該也會感覺彆扭吧？**請安排一段只有你和自己相處的安靜時光。**

做得再徹底一點，有些人甚至會暫時離開家。

據說某企業的總經理L先生（約四十五～五十歲）就選擇在飯店住上三天兩夜，認認真真地安排了一段獨處的時間。他的理由是：「如果在家裡，我會忍不住板出一張經營者的臉。」

家裡有家人的照片、和工作有關的書籍，所以我會露出一臉無所謂的表情，腦子裡也會忍不住浮現書中寫的那些冠冕堂皇的句子。我不想被孩子認為，自己是一個不享受工作的經營者，也不想被太太擔心：「接下來沒問題嗎？」我經常閱讀經營者的自傳和歷史小說這類書籍，所以，就連「身為領袖就應該如此」這樣的教誨，也深植在腦袋裡。

但是，如果搞不懂自己的真實心聲，傳遞給員工的訊息也會很微弱。所以，我才想要暫時摘下「家人的經濟支柱」或「經營者」的頭銜，瞭解沒有任何裝扮的自己，心裡究竟在想些什麼。我相信，員工也一定會期待看見堅定不移的我。

至於為了琢磨肺腑之言而產生的飯店住宿費用，報公帳就好啦（笑）。

能不能報公帳，就交給專家去判斷了（笑），但L先生有所自覺，如果連被下屬期待成為強而有力的領導者的他，都搞不懂自己的真實心聲，工作起來可是會使不上力的。因此，他才會深刻感受到「擁有肺腑之言的力量」。

對於自覺有「職務在身」、「身負重任」的人而言，面對真實心聲的時間，也是一段「幫助自己和夥伴恢復力量」的時間。建議你務必創造獨處時光，好好琢磨自己的內心。

5 步驟寫下筆記，務必對自己誠實

到目前為止，我已經說明了不再掩飾自己心聲的四個關鍵。接下來，我要介紹書寫「離職開悟筆記」的順序。終於來到弄清楚自己真正想法的時間了。

【離職開悟筆記的書寫順序】

①寫出讓自己感到悶悶不樂、焦躁不安之人的言行，以及在職場上發生的事。

②寫出自己在過程中是如何思考的。

③寫出自己為何對那些言行，或在那個場合上感覺鬱悶、煩躁的理由（無須顧及正確性或客觀性，你的想法才是正確答案）。

④回想過去是否遇過類似的言行，或是發生過類似的場景，並寫下來。

⑤仔細思考，探索①和④之間的共通處：「你在傷害／忽略／蔑視自己珍貴

的〇〇」。

與⑤相對應的，就是你的肺腑之言。所謂肺腑之言就像是一種感測器，能告訴你什麼是「打從心底想要珍惜」、「自己認為非常有意義、感到有價值」的事物。

只要進入「肺腑之言模式」，你就能立刻感測到，與自己心聲吻合的答案是「想要」，不吻合的答案就是「不需要」。比方說，當你面對「我還要繼續在現在這個公司工作嗎？」「我真的要跳槽到已經錄取我的公司嗎？」的問題時，心中將不再徬徨猶豫。

下一頁的「離職開悟筆記」範本，是曾在第79頁登場過的總務負責人F小姐所寫的。請參考這個範本，將自己的負面情緒完整地寫出來，就能更清楚掌握自己的真實心聲。

有兩個地方需要注意。**第一，絕對不要有「還是得轉換成正向積極面」的想法。第二，「如果開始感到痛苦，就立刻停下來」**。以下分別說明原因。

多數人都有下意識要「維持正向、積極思考」的傾向。只要對某件事感到痛苦，往往就會被他人教導為應該轉換心態，心想：「不對，就是因為有了那個經驗，我才能……」。就算你想與他人商量煩惱的問題，也常會被灌輸：「負面思考也無濟於事，我們一起積極往前邁進吧！」就像這樣，讓你連一點喘息的時間都沒有。**正向轉換雖然重要，但更重要的是，你是否是「主動而自然」地那樣想。**

此外，順序更是關鍵。**首先，你要用力地悲傷、確實地生氣、徹底地感到寂寞。對某件事（意義）或某人的感謝，要放在情緒之後。**不僅如此，這些動作必須由你自己完成，而非受他人強迫。

離職開悟筆記範本（F小姐）

• 讓我感覺鬱悶的人物

主管（G先生）

不看人的眼睛說話，讓同事揣測之後，做出一堆浪費時間之事的罪魁禍首。

●讓我感覺鬱悶的事件

因為G先生沉默寡言，所以我常常心想：「這該不會也得做吧？」因而又製作了會議資料，結果工作時間拉長，加班時數也持續累積。

●想要吐露的情緒

G先生都不看著別人的眼睛，而且幾乎不說話，所以身邊的人總是努力地揣測他沒有說出口的話。就因為這樣，無謂的資料處理工作增加了，大家都疲於奔命，加班時數也愈來愈多。說實在話，總務並不是那種會帶來營業額的部門，對吧？所以啦，明明不能壓低成本、又要提高加班費，到底是想怎樣啦？我只是請G先生把他的想法表達出來，員工的壓力和加班費就都會減少了。都是因為他沒辦法好好溝通，就是因為他……

- 過去曾發生過的相似經驗（如果有的話）

我在管樂社的顧問老師，也是一個會使用沉默壓力的人。我們確實會觀察老師的想法，然後再自己採取行動，晨間練習也都是自動自發，努力展現出好成績。可是，畢業後的學長姐幾乎都變得很討厭音樂，明明他們原本那麼喜歡音樂的。雖然我心裡也有「只要拿出成果就好了」的想法，但我最渴望的還是享受音樂本身啊！

- 被引導出來的肺腑之言

我想要更享受工作本身！

正向積極確實很好，也能為身邊的人帶來影響。然而，被正向積極壓迫到最後，我們會對自己撒謊，讓肺腑之言沒有出頭的機會。所謂正向積極並不是被強迫出來的，而是自然而然地在某些時機點湧現。因此，書寫「離職開悟筆記」時，請別讓自己被正向積極感所壓迫。

另一個需要留意的地方是，「如果開始感到痛苦，就立刻停下來」。

在書寫「離職開悟筆記」的過程中，我們會回想起不舒服的經驗。我曾經在某個工作場合被人這麼說過：「你還是從家庭教育打掉重練吧！」如果是現在，我會覺得這是會推動成長、充滿力量的一句話，但當時我感覺整個人被全盤否定了，只要聽見或看見「家庭」、「教育」這類字眼，心臟就會狂跳不已。

在書寫「離職開悟筆記」時，倘若你開始有類似這樣窒息、頭痛等感受，請立即停止書寫。對你來說，在這樣的狀況下面對真實心聲，似乎還太早了。你需要做的，也許是透過「代理辭職」的方式徹底轉換環境，或是和家人、朋友共度，讓自己沉浸在自己喜歡的事情中。

沒事的。這不過是試圖去「回想」痛苦經驗罷了，你已經往前邁出了一步。請用自己的步調往前走吧。

主動想改變，就是一種訊號

「離職開悟筆記」應該寫到哪裡才好？有一個標準就是：當你認為「肺腑之言已經被擦亮了」。

肺腑之言被擦亮了的訊號，會以**「我好希望主動創造一些什麼、好想動起來！」**的渴望現形。

舉例來說，以這位對於「不看別人眼睛說話的上司」而感到焦躁的F小姐而言，她沒有聽從任何人的建議，就自己建立了聊天群組，這就是一種渴望的形式。

煩惱著「感覺業務工作沒有意義」而反覆離職的H小姐，則是再次開始下廚，其實做菜曾是她學生時代的興趣，只是她讓這個興趣沉睡了好久。為了讓投稿到Cookpad（料理食譜社群）的食譜看起來更簡單明瞭，她似乎也鑽研起攝影技術了。

「我好想主動創造一些什麼、好想動起來！」這樣的渴望開始運轉，也可以被認為是「開始活出第二人生的證據」。精神療法專業診所院長泉谷閑示，曾經在其著作中如此描述個案的變化。

> 「隨著個案因為治療有了進展而不斷地產生變化，他們多半會開始進行某種創作。有些人開始畫畫，有些人開始深入鑽研料理的世界。原本被視為義務的家事、育兒等瑣事，也開始被認為是有創意的事物，日常生活中充滿了新鮮的發現，於是渴望將其表現在文章或詩作裡，甚至還有人創造出新的工作。這一切簡直是多采多姿。總而言之，他們的人生將有所改變，好像是玩一場「有創意的遊戲」。他們成為全新的自己，開始活出第二人生。」——（引用：《「普通比較好」這種病》第10頁）

不僅如此，哲學上也有「創造事物的力量，就是克服負面情緒的力量」的概念。清楚描述這個想法的，是為埃里希．弗洛姆（Erich Fromm）的著作《人心：善惡天性》（*The Heart of Man*）撰寫詮釋文字的社會學學者出口剛司，他所寫的這一段話：

「所謂愛，並非執著於他人，或付出名為『自我犧牲』的代價，而是推動愛的主體『自己』和對象『他人』，在其內部創造出全新的感情、觀念、經驗的能力。藉由這樣的創造力，我們將能克服負面情感的障礙。」——（引用：《人心：善惡天性》第231頁）

即使只有一點點，**當你有了某種「好想主動讓事情發生」的想法，就是一個極佳的訊號**。這就是肺腑之言訴說「我已經好起來囉」，而想要採取行動的證據。請你務必好好地珍惜這個聲音。

在接下來的第四章，我們將看見在「好想離職」、「是不是該換工作呢？」的轉職理由排行榜上，名列前茅的「人際關係」議題。

我們會使用的工具是「人際關係分類筆記」：將職場上遇到的人分為「連結」、「阻礙」、「不過問」等類別，就能遇見「我究竟想過怎樣的人生？」的真實心聲。

你想和怎樣的人一起工作？在轉職之後，你希望依然和怎樣的人維持有對話的關係？當你看見了答案，就能看見「與我合得來的公司風氣」、「讓我容易發揮長才的環境」。在轉職活動的面試場合，它將為「最後是由人來決定的」這句話賦予說服力。

無論如何，你已經寫完「離職開悟筆記」，辛苦了。這段面對肺腑之言的時間很快樂，卻也伴隨著些許疲憊。請稍事休息（精神充沛的讀者，就請你直接進入「人際關係分類筆記」吧）。

專欄 2 如何找到有良心的轉職人力仲介？

在轉職機構裡，有惡魔和天使兩種臉孔。只要熟知這兩種臉孔，你就能說出：「感覺有點不對勁，請換掉我的經理人（轉職人力仲介）」這種話來應對，轉職之後也可以找到適合和自己討論工作的夥伴。

在這篇專欄②中，我們將透過一則具體故事，看見轉職經理人的真實面貌。

無良的轉職人力仲介，只會為自己的業績著想

轉職經理人M先生，曾有一句「惡魔的口頭禪」：「我喜歡計算別人的年收

入，推敲出可以用多少錢賣掉。如果猜中了，那可就太棒啦。」

M先生會將短期截止型的企業介紹給求職者，再用巧妙的話術來說服對方：「這個專案結束之後，即使你離職了，也不會對履歷表有什麼損害。」求職者進公司後的三個月內，M先生會殷勤地追蹤求職者的狀況，選擇那種主張「只留下有辦法忍耐的人，培訓成本就會降低」的公司。就像這樣，M先生還會誇下海口：「只要營業額持續提高，公司就不會怪我。」

儘管求職者、錄用人才的企業似乎都有客訴抱怨，M先生卻是連續兩年業績奪冠的轉職經理人。在某種意義上，「惡魔轉職經理人」是戰略家，相當清楚轉職機構是如何運作的。

轉職機制存在漏洞，求職者必須謹慎評估

當然，多數轉職經理人都不是惡魔。一般而言，經理人會因為罪惡感的折磨，類似這種「只要創造營收就好」的工作方式並不會持久，而且在社群媒體發達的

這個時代，負面評價也會廣為流傳，對吧？但重要的是，轉職機構的運作機制中有「能把求職者變成犧牲品」的漏洞，仍是不爭的事實。

轉職經理人將求職者介紹給企業錄用之後，就能從中收取介紹費，金額約為轉職求職者年薪的三〇～三五％（各家企業不一）。合約中有「還錢規定」，多數都明定「三個月內（各家企業不一）若因個人因素離職，求職者必須返還一半的介紹費」。惡魔轉職經理人之所以會在三個月內積極追蹤，就是基於這個原因。

這一條「還錢規定」，就是考慮到「到職三個月之後，我就可以請你離職了」而流露出的惡魔表情。轉職經理人的惡魔表情，未必是因為在機構裡工作之人的個性或價值觀，而是因應流程機制，每個人都可能化身為惡魔。

假使你的轉職經理人有些不對勁，你懷疑是否「又是一個因為運作機制而墮落的人」，請冷靜地提出更換申請。只有你自己，才能夠為轉職的結果負起責任，你完全不需要有任何顧慮。

優秀的人力仲介，甚至會幫助求職者「模擬轉職」

另一方面，世界上也存在天使轉職經理人。我認識的N先生就是其中一員。

N先生會進行「模擬轉職」，從距離求職者最近的車站開始，前往他要介紹的企業辦公室。接著還會對該企業提出「請讓我體驗○○先生到職後的一日預定工作」、「請讓我和主管、同事見面」等請求，甚至連「模擬入社」都一併執行。換句話說，N先生會代理進行轉職「後」的生活。當然，這並不是普遍的做法。據說N先生也曾被責備「效率太差，無法帶來商業效益」。儘管如此，他還是放低姿態請求主管，表示「我不能辜負求職者託付給我的人生」，持續進行模擬轉職。

「我是五年前承蒙您照顧的○○，是否能再與您商討工作相關事宜呢？」聽說就連N先生離開轉職機構之後，也收到了像這樣的昔日求職者的聯絡請求。像N先生這樣的「天使轉職經理人」，也確實是存在的。

轉職經理人可以化身為惡魔，也可以成為天使。請摸清他們的真面目，投以嚴厲的眼光來檢視，思考「他們是否適合作為自己的轉職夥伴？」

第四章

職場上的人際關係，更要做好斷捨離

3類別，找出令自己情感波動最劇烈的關係

人際關係會對我們的工作、人生帶來巨大的影響。

科學作家鈴木祐在其著作《換個工作，更好嗎？》（科学的な適職）的「決定工作幸福感的七大美德」中（第132頁），介紹了一項以五百人為對象的調查。其中有一段文字是這樣描述的：「職場上有超過三個朋友的人，其人生滿意度可提升高達九六％，同時對於自己薪資的滿意度，更增加至兩倍。」

「人際關係會持續改變人生」，這句話一點也不為過。《換個工作，更好嗎？》一書中也介紹了一項調查結果：「和交情好的夥伴結婚所獲得的幸福感提升率，比薪資提高所獲得的幸福感，多達七六％（與「年薪提升至比平均值高一〇％」的狀況相較）」（《換個工作，更好嗎？》第54頁）。

人際關係分 3 類，才能深入理解自己

許多人都明白「人際關係會給人生帶來多大的影響」。

在離職的理由當中，**「和主管個性不合」高居排行榜前幾名**。在想要轉職的條件中，也有一個是「人際關係協調圓滿」。

對你而言是惡劣的人際關係，不僅會讓你的肺腑之言蒙上一層灰，也是讓真實心聲產生裂痕的真凶。某位諮詢者曾坦白對我說：「如果不向那個沒有好感的主管請示，我就不可能會討厭自己，甚至討厭到無法讓工作有所進展的程度。」

另一方面，我們也瞭解「因為人際關係而情緒化地離職，是很糟糕的一件事」。一旦突然採取行動，我們會發現自己將成為那種「只有」轉職才順利的人。

在此，我要將帶來幸福，也帶來不幸的人際關係分成**「連結」**、**「阻礙」**和**「不過問」**三種，再整理你我的肺腑之言。

這個方法就是製作**「人際關係分類筆記」**。就像將資料夾加以分類一樣，我們將職場上的人放進「連結資料夾」和「阻礙資料夾」，如果是你不怎麼喜歡，但情

感也不會受到牽動的人，就放進「不過問資料夾」。

當你聽見「把人際關係加以分類」，心裡有怎樣的感受呢？

或許有些人會認為「竟然把人當作東西對待，真是過意不去啊」。尤其是對於那些「一聽到人際關係就悶悶不樂」的人，我之所以建議將職場人際關係分為「連結」、「阻礙」和「不過問」三種類別，是有理由的。

只要提煉出「連結」的人際關係，你就會明白自己要和怎樣的人在一起才會感覺舒服，也能發揮出實力。「阻礙」的人際關係則剛好相反，你會明白哪些是自己「應該避免的人」。

換句話說，「連結」是正面的人際關係，「阻礙」則是負面的人際關係。不過，重點是**「提煉出讓你的情感強烈波動的人際關係」**。不是「有一點喜歡」，而是你是否覺得「即使離職了，我也想再跟他見面」那樣的喜歡；不是「總覺得合不來」，而是你是否覺得「如果可以，我不想再跟他見面」那樣的討厭。

這份「感情的波動幅度」愈大，你就愈能夠理解自己。對於他人的正面情感和負面情感，都將成為你深入理解自己的手段。

另一方面，「不過問」的人無法成為你理解自己的方法，因為你的感情不會有所波動。

實際製作出筆記的諮詢者，給了我以下這樣的回饋：「我已經知道要和哪些特徵的人在一起，才會感到舒服自在了。」「原來有『能發揮實力』和『實力被壓抑』這兩種不一樣的工作環境呢。」在進行轉職活動時，也有些人透過面試、與企業之間不經意的信件往來，發現「這家公司跟我很合」、「我可以感覺到這家公司是危險的了」這類訊息。在最後一關面試時，也有些人能夠明確地表達出「我感覺和貴公司很合得來，因為……」，於是就被最想進的公司錄取了；也有些人最後不離職，決定「我要在這家公司做一切能做的事」。

好想斷絕往來的人，就將其視為「阻礙」

想聽見你的人際關係中的肺腑之言，要**從理解「阻礙」開始**。因為「討厭某個人」的情感比「喜歡」更強烈，也會映照出你的真實心聲。

另一方面，也有不少諮詢者對於決定「這個人是否是我的阻礙」，而猶疑不定。在家庭教育中，我們從小被告知「盡可能別給他人添麻煩」，在學校裡則被教導交朋友的重要性，例如，以「能不能交到一百個朋友？」來作為簡單的「溝通能力」評估，因此，來到求職或轉職的面試場合，也自然會以這樣模糊不清的定義來作為評估。

即使多數人都學過如何與他人產生連結，但我們似乎並不清楚，該如何與他人斷絕關係，也沒有琢磨過心裡的肺腑之言感測器，也就是感覺「還是跟這個人保持距離吧」，讓自己察覺此人是自己的阻礙。

不讓你表達內心想法的人，就是「阻礙」

那麼，「阻礙」究竟是什麼？查詢《廣辭苑》，我得出了這樣的定義：「為了擱阻水流而敲打、排列木樁，再以竹子或木頭搭建而成的圍欄。」——（《廣辭苑第七版》）

從這個意義往外沿伸，人們就創造出「阻礙肺腑之言的事物」、「扯後腿的人際關係」這類原本並不存在的負面意義。**以「琢磨肺腑之言」的思考方式來定義「阻礙」，意思就是「因義理、恩情、利害關係之故，阻擾你表達真實心聲的人際關係」**。

那麼，要分辨出「這個人是否是阻礙」，究竟該怎麼做才好？

讓我們試著稍微練習一下吧。你的腦海中能浮現一個具體人物的臉和名字嗎？無論那個人是主管、前輩、後輩、交易對象、客戶，誰都可以。假設這位浮現在你腦海中的對象，對你說了這樣一句話：「請在離職之後，繼續和我保持聯繫。」這時候，你能用怎樣的理由來回答他「麻煩您多關照了」呢？

是「因為這個人曾經照顧過我」的義理或恩情，或是「因為這個人會給我工作機會」這樣的利害關係……，**如果你的答案「只有」這樣的考量，就可以將對方視為「阻礙」**。或者，也請你將他視為「即使短期之內是連結，但長期而言會是阻礙」的關係。

「那個人是阻礙！因為……」你不必勉強自己想出什麼理由，如果覺得「搞不太清楚」，也可以將那個人放進「不過問」的資料夾。這就是你「不清楚對方是『阻礙』或『連結』的肺腑之言」，請不要刻意用義理或謊言來掩蓋。

別讓沒必要的人情，阻礙你察覺自己的真實心聲

開始製作「人際關係分類筆記」的人，都是因為怎樣的理由展開行動的呢？讓我為你介紹幾個故事，他們都是利用「人際關係分類筆記」，來斬斷「長年阻礙」的人。

專注於ＩＴ業界工作的Ｏ先生（約四十五～五十歲），即使轉職了也持續和某

位客戶保持往來。每當要轉職的時候，他都認為「因為從我應屆畢業之後，這位客戶就一直照顧我到現在」，因此始終將他視為「連結」。可是在O先生內心深處，隱藏著這樣的肺腑之言：「希望他可以不要在假日、晚上也打電話給我。」接二連三的電話，讓他和家人相處的時間被迫中斷，就連一開始支持著自己的太太和孩子，也曾因此離家出走兩個月之久。

O先生是個老實人。他將這件事告訴客戶，並且決心表達「希望您減少聯絡我的次數」。然而，客戶並沒有認真地把他的話當一回事。非但如此，這位客戶還那樣訓誡他：「沒關係啦！只要你再往上升遷、讓生活更加輕鬆，家人看你的眼光就會不一樣的。男人就是要賺錢、成功，為了家人而存活。」

這件事成了O先生開始製作「人際關係分類筆記」的關鍵契機。從大學應屆畢業至今，經過了約莫二十年，他總算能夠下定決心，認為「那個人是我的阻礙」。

接下來，O先生的行動非常迅速。要轉職時，他完成了交接工作，並且將這位顧客的個性特質也轉達給接任者，甚至也對社長事先聲明：「因為這樣的理由，或許我們最好跟他斷絕商業往來。」同時告訴這位客戶：「今後所有的聯絡事宜，請都傳達給我的接任者。」並且也沒有告知自己新的聯絡方式。

如今，O先生與家人的感情已經好轉，而這位客戶也不再與他聯繫了。他告訴我：「聽說那位客戶在公司內部的態度也很有問題，後來就轉調部門了。」

「阻礙」會掩蓋你呼喊著「其實好想斷絕往來」的真實心聲，它會以「可是對方很照顧我啊……」的想法現形，那就是你在腦中思考的利害關係，或是人情義理的模樣。

當義理、恩情、利害關係浮現在腦海中，請再次探問自己：「心裡到底有什麼感覺？」這個問題將能琢磨你的肺腑之言，成為真實心聲的感測器，讓你在接下來進行轉職活動時，能夠辨別出「這家公司的風氣好像適合我／似乎不適合我」。

助你一臂之力的人，就是好的「連結」關係

讓我再分享一個以「連結」為自己加分的案例，這是某軟體公司的業務經理P小姐（約三十～三十五歲）的故事。

P小姐懷著「斷絕退路吧！」的心情，以「中途人資」（錄用具備工作經驗者的人資）的身分轉職到一家正值成長期的公司。她的業務、管理，以及過去人資的工作經驗，都獲得了高度評價，乍看之下，她的轉職經驗相當成功。

然而，在處理過幾次面試之後，她實在無法遵從公司「只招收剩下的人」的錄用方針，於是短短三個月就離職了。P小姐在這個時間點面臨第四次轉職，想必下一次轉職也將陷入苦戰。

這時，前一份工作的社長透過社群媒體與她聯繫：「妳在下一家公司待得如何？因為是P小姐，我有點在意妳會不會過度努力了。等狀況穩定下來，要不要一

起吃頓午餐呢？」一起用餐時，P小姐老實地對告知社長：「我已經離職了。」接著，社長對她說了以下這段話：

看似失敗的歷程，如果用稍微長遠的目標來看待，說不定是成功的開始呢，雖然妳現在應該很難這麼想啦。怎麼樣？要不要回我們公司上班？不過，要妳馬上就回來可能不太容易，過兩個月之後如何呢？

社長給了她回鍋工作的錄取通知。當經理職的員工要離職時，有些經營者根本不會允許他們，利用這份影響力再次回鍋工作。時至今日，即使每年大約有三百萬名的轉職者，「轉職＝背叛」的想法，依然是社會上根深柢固的價值觀。

儘管如此，這位社長仍舊認為P小姐是公司的必要戰力，而P小姐也接受了他的邀請。如今，她加入業務經理的行列，也兼任執行原本就有興趣的人資工作。P小姐鬆了一口氣，她告訴我：「原本如果這樣下去，我會給剛出生的孩子、為了兼顧育兒和工作而疲於奔命的先生帶來困擾，社長真的幫了我一個大忙！畢竟當時我正急著要換工作呢。」

就像這樣，事先為「連結」加溫，在危急時刻也會成為你的救命繩索。相反地，如果不加以斬斷「阻礙」，難得的機會就將遭到摧毀。

原以為是「連結」的關係，竟變成「阻礙」

擔任工程師的員工Q小姐（約二十五～三十歲），已經確定要轉職到某知名IT企業了。知道這件事的前輩工程師R小姐（約三十五～四十歲），開始威脅Q小姐要拒絕該公司的錄取通知。

「我在那家公司可是有熟人的喔。雖然不知道妳面試時是說了什麼話裝乖，但我醜話說在前頭，這個業界很小，妳最好在風聲傳開之前就先拒絕錄取，知道嗎？」據說Q小姐是這樣被正面攻擊的。

Q小姐剛進公司時，R小姐是負責指導她在職訓練的前輩，因此Q小姐對R小姐有情份。而因為「在乎周遭氣氛更勝於自己」的個性，造成了反效果，最後她決定拒絕新公司的內定錄取。她如此描述當時的後悔心情：

想當初，R小姐也是一個好人。像是會教我新的技術，也會告訴我：「我很推薦這個人的部落格」，她不斷地指導我學會不熟悉的事物。可是，自從我和其他前輩的關係變得融洽之後，她的態度就不一樣了。R小姐對自己人的指責多了起來，常對我說：「妳應該更謙虛一點才對！」之類的話。

我應該早一點跟她切斷關係的，而且那樣的工作機會實在很難得。我連續一個月悶悶不樂、憂愁煩惱，都差點罹患失眠症了。

人際關係的恐怖之處，就在於「原本以為是連結的關係，竟變成阻礙」。Q小姐被「阻礙」扯了後腿，錯失了轉職的機會。

雖然是後話了，Q小姐最後還是成功轉職到這家知名的IT企業。關鍵因素在於，她將原本認為是「連結」的R前輩，改放進「阻礙資料夾」裡。她深深地感覺到：「這個人不會為我的未來加油。她不願意讓我說出肺腑之言。」

有了這樣的轉變後，Q小姐的行動也十分迅速。她立刻打電話給原已拒絕的公司人資說明原委，表達希望再次進行面試。該企業原本就已經通知內定錄取，於是回覆：「當然非常歡迎！」就這樣接受了Q小姐的請求。

接著，她和信賴的前輩（並非R前輩）商量這件事。然後，這位前輩為她居中協調，幫了她一把：「R有時候就是會這樣呀……之前也有一個後輩被她束縛著，一直感到很困擾呢。因為『後輩要離開自己的羽翼底下』，讓她感到很寂寞，才會說出那樣的話。Q小姐，妳一定要做自己喜歡的事才行！因為妳是工程師，對吧？一個工程師如果不能設計自己喜歡的東西，妳覺得會有辦法設計出好的系統嗎？」

比起「吐露煎熬的心情」，「表達真心話」是要傳達出「我信賴你」的訊息。這是一件令人愉快的事。當你明白地說出真心話，那些願意對你施以援手的人，未來必定將以「連結」的形式成為你的助力。

4 重點，辨別你的人際關係特性

讓我們從目前為止說過的故事中，整理出分辨「連結」和「阻礙」的重點吧。最重要的基準，就是「**我是怎麼想的？**」這個問題。

然而在職場上，並不是「我只要跟喜歡的人一起工作」、「討厭的人就敬而遠之」這麼簡單。有些公司認為，「和不喜歡的人也能相處融洽的能力」就是一種「溝通能力」。沒有任何東西能像人際關係那樣，不僅蒙蔽了我們的肺腑之言，更建立起一種「強迫人們撒謊的環境」。

因此，為了思考「對我而言，辨別『連結』和『阻礙』的基準究竟是什麼？」這個問題，請你運用以下的重點。

【辨別「連結」和「阻礙」的4個重點】

①持續幫助你往未來邁進的人，是「連結」。把你拖回過去，現在又試圖阻止你的人，是「阻礙」。

②引發你的真實心聲和「喜歡」情感的人，是「連結」。激發你的罪惡感、恩情義理的人，是「阻礙」。

③挑戰結束之後，在你失敗了、狀態不好的時候也願意聲援你的人，是「連結」。只願意在你成功了、狀況順遂的時候與你交好的人，是「阻礙」。

④如果你覺得「這個人我喜歡」，那就是「連結」。如果你覺得「好討厭他」，或是「雖然不喜歡，但他很照顧我……」因而感到悶悶不樂，那就是「阻礙」。

對第145頁的P小姐提出回鍋邀請的社長，是以「早期離職的失敗，或許會成為妳成長的養分呢。」這樣的話，來聲援她的未來。

幫助Q小姐的前輩員工，也是對她說：「去做妳喜歡的事吧！」像這樣推了Q小姐一把，引發她「我想挑戰。就算是那個公司，我也想要做設計！」的真實心聲。

一旦將這樣的人際關係放進「連結資料夾」，你心中「怎樣的職場才適合我？」的自我理解，就會加深。當緊急狀況發生時，這些人際關係就可能會成為幫助你的強大夥伴。

另一方面，試圖阻攔後輩轉職的前輩工程師R小姐，打算將當時還是新進員工的Q小姐給拉回來，這種阻擋Q小姐往前邁進的行為，就是「阻礙」。無須顧慮太多，就將這樣的人放進「阻礙資料夾」裡，與他保持距離吧！

對外宣稱「我打算離職」，讓真正的人際關係現形

那麼，具體上我們究竟該怎麼做，才能夠區分出「連結」和「阻礙」呢？在某些狀況下，只要利用「重點④的好惡」，就能立即做出判斷，但也有些狀況是很難判定的，例如那些對我們多所照顧的人。

當感覺難以判定時，我希望你做一點事，那就是「朝向未來邁進的宣言」。

當你對外宣告，就會知道對方是不是「重點①提及的願意聲援你的人」。對你來說，這個人究竟是「連結」或「阻礙」，答案就清晰可見了。

「我打算要離職。」

「我有興趣要發展副業……」

「我有一個自立門戶的夢想！」

諸如此類，請試著觀察那些聽到你「打算做點什麼新嘗試的宣言」的人，會產生怎樣的反應。包含對方給你什麼回應，好好地觀察那些隻字片語、表情和語調。

這時候，也許有些人會出言阻止：「你最好放棄這個念頭。」當你聽見對方這麼說，而讓你認為「這個人只是在嫉妒我」、「他只是因為過去曾經失敗，才會不希望我成功吧」，不妨就立刻做出「放進阻礙資料夾」的判斷。

不過，當對方告訴你「最好放棄吧」，也許他真正的本意是「我很支持你換工作，但如果是因為那個理由而離職，會不會陷入反覆離職的狀態呢？」這時候，他是要把「你打算做出的選擇」，轉化為「更好的選擇」。願意給你這種提議的人，我建議你要視他為「嚴格的老師」，先將他放進「連結資料夾」。

有時「阻礙」，也會轉化成「連結」

人際關係還真是複雜，我也一直有這樣的煩惱。原本以為是「連結」的人，後來成了「阻礙」，或者原本以為是「阻礙」的人，後來才知道其實是「連結」。

我有很多無法辨別的經驗。在我應屆畢業就職一年後要離職時，主管與我深談了三個小時，他告訴我：「現在應該還不是時候」。當時的我心想：「都已經是決定好的事了，你別多嘴好嗎？」儘管他說：「明年公司會展開新事業，現在正是把你訓練成負責人的時機呀」，我卻覺得「這是要挽留我嗎？」完全聽不進去。

懷著這樣的想法，我在轉職後一個月就離職，沒了工作。這時候，對我說：「如果想回來的話，我再幫你往上匯報」的人，也是這一位主管。

「原本以為是阻礙，有時候會變成連結。」我思考著這句話。

因此，已經放進「阻礙資料夾」的人際關係，如果不是會折磨你、對你施加危害的人，或許應該「只在心靈層面上互相牽繫」。因為人會改變，也會成長，暫時分離之後，有時在三、五年後，可能又會重新建立起良好的關係。

這個概念，田坂広志已經在他的著作中告訴我們了。他介紹過心理學家河合隼雄的「所謂愛情，就是不切斷關係」這句話，同時利用兩個簡單明瞭的句子，讓我們知道人際關係的微妙之處：

「分手之後，在「心裡」也不斷絕和對方之間的關係。」——（《鍛鍊人類：讓人際關係好轉的「心靈技法」》〔人間を磨く　人間関係が好転する「こころの技法」〕第166頁）

「那麼，為何留下「將來和解的餘地」很重要呢？」
「因為人心是會改變的。」——（《鍛鍊人類：讓人際關係好轉的「心靈技法」》第169頁）

「阻礙」會變成「連結」，「連結」也會變成「阻礙」。透過人際關係的這項特質，我們或許可以說「人際關係＝蝴蝶結」。**有時候綁得很緊，有時候又會解開，如此反覆的打結和拆解，正是人際關係**。因此，已經被分進「阻礙資料夾」的人際關係，也別將它們切碎得再也無法打結，「現在就先解開吧」的程度，或許才是恰到好處。

被分進了「連結資料夾」的人際關係，假使把它們綁得太緊，緊到「絕對不要解開」的程度，或許又會粉碎也說不定。

「雖然現在打了結，但未來也許還會解開，也可能會再打結。」當你這麼想，接著專注在「現在，我和你是否能相互締結良好關係？」這個問題上。屆時，或許你就會被願意聲援自己的未來、真實心聲、將要挑戰的人際關係包圍且支持，也可以不再對自己撒謊了。

你的「人際關係真實心聲」，將使你的工作和生活都變得豐盈富足。

職涯要順暢，人際關係就得先分類

將「人際關係分類筆記」化為表格之後，執行起來就容易多了。這真的非常簡單。你只需要想像「自己轉職，離開了公司」，再想像「我想和現在這位眼前的人建立怎樣的人際關係」就好。「期望的關係屬性」因人而異，可能會變得具體，也可能會變得抽象。

我在下一頁放了一張「人際關係分類筆記」的範例。首先，將主管、同事等這類職場關係分成「連結」和「阻礙」。將分類的理由或故事填入「理由・故事」這一格，再將「心裡真正想建立怎樣的關係」填入「期望建立的關係」裡頭。

如此一來，你就可以將職場上的人際關係加以分類，肺腑之言就會浮上心頭。

某位熱愛音樂、負責會計工作的S先生（約二十五～三十歲）曾對我極力主張：「每個音樂類型，不，應該是每一個音樂家，都有各自不同的人際關係呀！」

【人際關係分類筆記】範例

No.	名字	目前的關係屬性	「連結」「阻礙」「不過問」	理由．故事
1	佐藤	主管	阻礙	只教我不會做的事
2	田中	同事（業務部）	連結	當我感覺沮喪時，他會跟我聊共同的興趣，給我力量
3				
4				
5				
6				

「期望建立的關係」範例

希望和他一起工作	工作夥伴
希望他當我的客戶	
希望他當我的交易對象	
希望他當我的人生導師	
希望他當我的朋友	生活夥伴
希望他當我的興趣夥伴	
希望他在生活上與我相互支持	
希望切斷關係	阻礙

然而，光是「音樂夥伴」就衍生出十個左右的關係屬性，最後他搞得一團混亂，就省略了那些分類。因此，一開始，你只要大致粗略地寫就可以了。

不想對自己虛偽，就別理會局外人

在此，你可以先放下本書，思考「當我和這個人相處時，就可以說出肺腑之言。因為……」、「如果是那個人，即使是在與公司無關的私領域，我也想和他見面。因為……」。像這樣，多花一些時間，試著感受自己的真實心聲。

如果可以，建議你就像書寫「離職開悟筆記」那樣，抽出假日、長假這種完整假期的兩個小時，而且是「沒有任何人的意見或評價介入的時間」，寫下你的人際關係分類筆記。因為一旦聽見局外人的聲音，你就會在不知不覺間「被迫撒謊」了，對吧？

擔任設計師的諮詢者T小姐（約三十五～四十歲）沒有等到年底、年初的時間，就先請了一段從週五到週一的有薪假，包含週六、週日一共四天，每天花上三小時書寫，完成了她的人際關係分類筆記。她告訴我，之所以會連平日也用上，是因為：「我覺得運用平時都在工作的時間，更可以回憶起對方的臉和對話內容，這樣的方式更適合我。」

T小姐也說：「我也失敗過一次呢。」「之前想說只在週末時寫筆記，但週六是用來療癒一整週疲憊的時間，週日會用來思考從下週一開始的工作狀況，所以沒辦法專注地寫。」

T小姐的工作方式，絕對沒有和其他人特別不同，每個月加班二十個小時，忙碌時期甚至高達三十五個小時，儘管如此，還是很難確保會有只用在自己身上的時間。

或許是因為我們經常想著公司或工作，才會無法重新審視自己的人際關係。在一天當中，認為「那個人搞什麼鬼啊」、「我好喜歡那個人呢」的真實心聲，也就像泡泡一般地浮現，接著又消失得無影無蹤。

而且，我們都有一種壞習慣，那就是腦子裡會有「因為那個人很照顧我……」這種並非肺腑之言的念頭。

說來丟臉，我自己也是如此。「如果事先和那個人打好關係，也許就會發生好事吧……」，當我心裡打著這種如意算盤和對方持續往來，就會愈來愈搞不懂自己的肺腑之言，最後便無法主動和對方斷絕聯絡了。

「人際關係分類筆記」不需要讓任何人看見。倒不如說，你最好別讓任何人看見。有時候，「他絕對是個好人啦」、「他還是要保持距離吧」這類建言，也可能會讓你心中湧起的肺腑之言，演變成一池混濁的泥水。

你身邊是否有能讓你暢所欲言的人？

「人際關係分類筆記」不只能用在工作上，當你也開始思考生活中的關係，就會不斷地看見自己的真實想法。

確實，我們或許可以這麼想：「因為是公司的人際關係，筆記必須限定在工作領域。」但當我們身處於公司，未必只會談論工作上的事。舉凡和同事午餐時間、在走廊上站著閒聊，或是偶然在回家的路上碰到，這類不經意的對話會讓我們快樂，或是感受到人情味。

有時候，我們對於「在工作之外的時間瞭解的那個人」，會產生一種「接下來我也想和他持續連結」的想法，不是嗎？

網路編輯U小姐（約三十～三十五歲）就在她的筆記裡，加上了「想跟他通宵大聊最喜歡的音樂」、「接下來也想跟他偷偷地抱怨育兒辛酸」這類生活中的人際關係。

據說，當她在轉職後也持續這樣的人際關係，在轉職後的公司遇到各種痛苦時，原本被放進「連結資料夾」的夥伴們，就成了她的支柱。諸如「我是不是該離職呢」、「生活好辛苦喔」這種想法，對同一個公司的人是很難坦白的。跟主管說，她擔心「講這種事，評價會往下掉」；跟同事說，又煩惱著「會不會給他們帶來困擾。」

因此在轉職之後「也」能夠依賴的，就是前一份工作的夥伴。正確地說，他們雖然在某個程度上瞭解你，如今卻無利害關係，所以是一種不會被評價，也不需要評價的人際關係。

無論你發再多牢騷、談論再多和工作無關的話題，他們也不可能會給你負面評價，或是對你露出嫌惡的表情。

有一種人就是能告訴你「坦露真心話的重要性」。例如，過去曾任日本足球代表選手、現在只要進行解說或訪問選手，就會在社群媒體上備受矚目，甚至引發熱烈迴響的內田篤人。

內田先生移轉到德國「沙爾克04足球俱樂部」之後退團，接著在現職引退後的二〇二一年五月，他被指名回鍋擔任沙爾克的官方俱樂部大使。擅長為這種連結加溫的內田先生，選擇了可以「吐露疲憊內心話」的對象。

「不讓外界看見的部分，我會分享給絕對信賴、理解我正在『努力堅持著』的人，以及有可能願意理解我的人……，對於那樣的對象，我會吐露一點點疲憊的內心話。這麼做，可以讓我稍微喘口氣。

『努力堅持』雖是理所當然，但很需要能量。儘管我正在努力堅持，但全部都隱忍下來是很疲憊的。要是在努力的路上身心崩潰，那根本就毫無意義。就是因為這樣，我很需要在某個地方試著稍微『喘口氣』」。——（引用：《內田導師：壯大心靈的技術》〔ウチダメンタル　心の幹を太くする術〕第136頁）

讓內田先生願意「吐露疲憊內心話」的對象，是他暱稱為「阿秋」的代理人——秋山祐輔。

如果身邊有一個像「內田先生的阿秋」那樣，**讓你覺得「如果是這個人，無論**

是洩氣話、牢騷話等所有難以啟齒的事，我都可以對他說出口」的人，請你務必要將他放進「連結資料夾」。洩氣話、滿腹牢騷，也都是你的肺腑之言。

你身邊有沒有那種超越工作利害關係，能夠暢所欲言的人呢？與你興趣相同，或是能和你一起度過育兒、家事等生活時光的夥伴，甚至有可能與你建立起一輩子的人際關係呢？

比起「市場價值」，更該提升「人類價值」！

到目前為止，我已經與你分享了製作「人際關係分類筆記」的案例故事，並且告訴你「連結」和「阻礙」的具體實例，同時說明了區分人際關係的理由。

利用「人際關係分類筆記」整理出來的人際關係，在你轉職之後會變得更加清晰，並且被分為以下四類。

①表面阻礙：原本以為是阻礙，實際上就是阻礙。
②背面連結：原本以為是阻礙，其實卻是連結。
③表面連結：原本以為是連結，實際上就是連結。
④背面阻礙：原本以為是連結，其實卻是阻礙。

在我的諮詢者當中，許多人都表示「那個原本比誰都要反對我離職、勃然大怒的社長，在我自立門戶之後，為我帶來了第一筆工作訂單」。相反地，也有些人是曾經說過「轉職之後，你一定要來我們公司投履歷喔！我會幫你直接進入最後一關面試」，但當諮詢者離職後寫了信給對方，表明自己希望接受遴選，卻只得到一句「我們現在沒有缺人」的回覆……，這樣的故事也時有所聞。

如何讓人好想與你共事？

或許有些人認為，如果轉職後才會顯現出真實的人際關係，那麼立刻書寫「人際關係分類筆記」這種東西，不就沒有意義了嗎？

在此，請容我為你介紹一句諮詢者的箴言。V小姐（約三十五～四十歲）隸屬於某家世界知名的策略顧問公司，她告訴我：「**離職後的評價，是比市場價值更真實的評價。**」

V小姐與我分享了一個故事，是關於「不知道『市場價值』是什麼」的煩惱。

我不太懂「市場價值」到底是什麼。即使做了轉職諮詢，我還是只能得到「年收入提高或位階上升」、「進入有聲譽的公司」、「學會不管到哪家公司都派得上用場的技能」這種程度的答案。

但我真正想知道的，是包含我的「人性」的價值。說到「人類價值」會不會太誇張了？我很想知道，當自己不管身陷什麼狀態，假設轉職後的公司倒閉了，會有多少人、多少公司願意對我伸出援手，希望和我一起工作呢？

「比起市場價值，更想知道人類價值」的V小姐，製作了一份「人際關係分類筆記」。然後，她說在轉職之後「終於明白自己的人類價值了」。

在公司任職時的時候，我既是我，也不是我。對客戶來說，他們有一種「因為是○○股份有限公司的V小姐，所以應該沒問題吧」的安心感。在經歷或評價愈好的公司，這份安心感就會變得愈堅定。

在公司裡也一樣。主管、同事會因為「V是同一家公司的成員」這種理由而幫助我，也願意為我加油。但如果我離職了，公司名稱被卸下了，「同公司的一員」的屬性也會被剝除。這麼一來，不但是「我」這個人真正的實力會被看見，對於

「想和我一起工作嗎？」這樣的好惡而產生的人性或性格，也會受到評斷。

> 和「轉職市場」相較，真正衡量我們價值的地方，不就是「人類市場」嗎？

告訴我上述這段話的V小姐，將自己利用「人際關係分類筆記」提煉出來的「期望關係屬性」，以及轉職後被提煉出來的關係屬性，互相核對了一番。

結果，第④個背面阻礙，比想像中來得更多，她苦笑著說：「未來還有很長一段路要走呢。」不過，現在她已經變得更積極了：「只在工作上拿出成果是不夠的。我要追求更具有人性的部分，思考究竟該怎麼做才能給他人一種『我想跟這個人一起工作』的感覺。」

如此冷靜觀察自己的V小姐，在轉職又過了一段時間之後，我再度與她談話，因為我很在意「**人類價值＞市場價值**」這個想法是否已經改變了。畢竟「市場價值」這個詞彙，強烈撼動著我們這些工作者的心靈，甚至成為我們轉換工作的關鍵原因。

> 比起持續追逐「市場價值」的那段日子，我該做的事情已經變得更清楚了。一

旦我企圖提升「人類價值」，當部下來找我談話時，或許只是一件小事，但我還是會放下手邊製作的資料，注視他的眼睛，聽他說話。

我們很常在諮詢顧問產業見到一種情況，那就是：客戶會強迫我們履行合約裡沒有的要求。如果在以前，我都是用「合約沒寫的東西就辦不到」這句話來甩開客戶，但現在我已經能夠聽取對方的要求、說明己方的原委，在取得認同之後，達成追加費用的交涉。

V小姐並沒有試圖做什麼戲劇性的改變，而是像在水池裡投下一顆石頭，等待漣漪緩緩擴散開來，一點一滴地從可以做到的事情開始，改變自己的行動。

雖然是小小的累積，但我和部下、客戶對話的時間變多了，自己獨處時感到悶悶不樂的時間減少了。那些多出來的時間，我現在都用來分享正在閱讀的書，或是彼此說說家人的事。

或許是因為這樣的改變，我被公司內部約談職涯規劃，也被高層領導探問，要求我出席會議，一起商討自家公司的中期經營計畫。整個變得很忙呢（笑）。

儘管如此，「人類價值」比起「市場價值」還是曖昧含糊多了，要達到目標豈不是很困難嗎？當我這麼問V小姐，她的答案是：

的確，我不太清楚「人類價值」究竟可以看見什麼，但是追根究底，我之所以成為諮詢顧問，也是因為自己喜歡「沒有標準答案，所以要在看不見方程式的狀態下提問，並且持續思考」。如果可以找到「人類價值的方程式」，那簡直是一種新發明了吧（笑）。

V小姐立下一個遠大的目標，那就是「找到人類價值的方程式」。她利用真實心聲察覺到「自己對工作的追求」，整個人看起來非常有朝氣。

愈是追求「市場價值」，就愈容易不安、孤獨

另一方面，當我們努力提升「市場價值」，不安的情緒也會同時升高。

在我試圖提升「市場價值」的那段時間，不管年收入增加得再多，心裡還是

很不安。因為，如果我稍微抱怨一下，或是稍微停下工作的腳步，就會有一種安全梯將被撤除的感覺。對我來說，「提升市場價值」就是「提升能夠獨自存活的能力」，我有一種將會變得愈來愈孤獨的感覺。

這份不安，難道是和V小姐的性格、資質有關嗎？

的確，「將會變得孤獨的感覺」非常主觀，但人類是「社會性動物」，是一種為了在人的「連結」中生存而進化的動物。藉由習得「提升能夠獨自存活的能力」，因而被「將會變得愈來愈孤獨的感覺」席捲，她認為就算這是許多人都會經歷的過程，也許也無所謂。人們也認為，這份孤獨感對健康有極大的危害。

「對『人類』這個物種而言，只要一想到社會性連結有多重要，就會更加苦惱，但平時約有二〇%的人口（換言之，光是美國就有六千萬人）會感覺到強烈的孤立感，這就是造成人生不幸的一大原因。

如果你認為社會孤立感會對健康帶來負面影響，那麼這個數字的嚴重程度，足以和高血壓、運動不足、肥胖、吸菸相互匹敵。當我們嘗試調查過去十年的資料，

才發現如此驚人的統計數據的真正原因，多半情況都不是因為字面上的『單獨一人』，而是稱為『孤獨感』的主觀經驗。」——（引用：《孤獨的科學：人為何會變得寂寞？》〔孤独の科学　人はなぜ寂しくなるのか〕第26頁）

發現只屬於自己的「人類價值」

自從V小姐從「市場價值」轉而追求「人類價值」，她感覺人際關係有了巨大的變化。

自從我努力地想要提升「人類價值」，每當我一說出洩氣話，就更容易獲得幫助了。有時同事也願意對我伸出援手，對我說：「之前我有做過市場調查，我再把結果資料寄給妳喔」。甚至就連客戶也對我提議：「我來把時程表往後延吧？」

怎麼說呢？也有一些轉職機構是因為我說了太多喪氣話，後來就不跟我聯絡了，我真是不太會運用呢。感覺「市場價值」好像下滑了（笑）。

V小姐笑著講出「感覺市場價值好像下滑了」這句話之後，對我說：「不過，我有一種被人類守護的安心感。也許我的人類價值終於有了提升。」

實際上，V小姐不但受到客戶高層請託，對她提出「要不要來我們公司？不來上班也沒關係，來跟我女兒談談職涯規劃吧」這樣棘手的邀請，也被拜託為後輩開設的讀書會擔任講師——她的人際關係持續往外擴展中。

人際關係是複雜的。

有時候，你會被原以為是「連結」的人背叛；原以為是「阻礙」而選擇遠離的人，也可能會為你送來機會。我們不知道未來會變得如何，然而，持續將人際關係加以分類的結果，正是讓你我明白何謂「**只屬於自己的人類價值**」，我們其實很想知道那一份價值，但轉職機構、主管、父母都不知道，也沒有任何人知道。

請你務必製作「人際關係分類筆記」，轉職之後再核對答案，試著確認自己的「人類價值」。這雖然有一點恐怖，但無論你要轉職或是要留在公司，相信你都將獲得實際的感受，確信自己「走這條路沒錯」，前方的目標也將變得更加清晰。

公司真正想知道的，其實是你的真實心聲

「比起市場價值，人類價值更重要。」我們已經談過這個稍微抽象的話題了。不過，「提升人類價值」不僅是一項提供給轉職後「也」順利之人的具體轉職技能，也是一種思考方式。因為「讓人際連結變得更重要」的運作方式，也正影響著你目前的轉職活動是否能夠順利過關。

口碑錄取（轉介錄取）、人事查核錄取（Reference Check）這樣的詞彙，正開始在就業市場上擴散。之所以這麼做，目的在於獲悉求職者的人格特質或實際工作能力，這些都是遴選活動時面試官不清楚的細節。請想像成這是企業為了得知應徵者的「真實面貌」，而雇用偵探去調查。有時候，企業也會這樣要求應徵者：「在遴選過程中，請向前一份工作的主管取得參考資訊。」

既花錢，又花時間，究竟為什麼企業要做這種事？

箇中原因在於，現在轉職機構、口碑網站、書籍、網路上充斥著轉職技巧和面試的標準答案，企業開始搞不清楚求職者的真實心聲，以及他們的實務能力了。

「明明在遴選階段可以判斷他很優秀，但開始工作之後，他卻拿不出成果。」也有一些經營者或人資會如此煩惱。**對於企業而言，不少人會認為「『遴選時推測出來的實力或人格特質』和『實務上被發揮的實力或人格特質』，完全是兩回事」**。

有愈來愈多企業導入輕鬆舒適的面談模式，來當作一個不影響遴選合格與否、雙方相互理解的場合，背後原因應該也是為了要瞭解求職者的真面目吧。

如今，企業都想要知道你的肺腑之言，**「能夠表達真實心聲」就是你的武器**。

也因為有這樣的原委，企業認為即使只有一點點，也「希望知道求職者進公司之後，會展現出怎樣的實力和人格特質」，因此他們都正在導入口碑錄取（轉介錄取）、人事查核錄取等徵才模式。

實際上，我自己也碰過人資主管或社長向我聯繫打聽：「你認識這個人嗎？他是你臉書上的朋友對吧？」他們的意思是：「請告訴我這個人真正的人格特質、工作技能。」當這樣的聯絡到來，我一定會老實地回答，連對於那位求職者不利的評價都據實以告。因為這時候如果說得不清不楚，而後又發生了推測與現實失衡的結果，我就會失去與我聯繫之人的信任。

我們的資訊就像這樣，「在不知不覺間」被流傳著。

就算換了工作，前一份工作還是會對你產生影響

有不少人也是在即將轉職時，認為「我想要完全斬斷和現在這家公司的緣分，重新開始！」而來到我這裡進行諮詢。不過，很遺憾地，我要告訴你的真實狀況是：「**你現在任職的公司和接下來可能任職的公司，其實是緊緊相連的。**」

無論我們喜不喜歡，轉職目標公司會觀察求職者截至目前為止的狀況，來判斷現況，並推測求職者進公司之後的表現，因此會有像這樣的評價：「如果有這樣的經歷，應該很適合這樣的工作」、「他在這家公司受過訓練，也許具備這樣的人格特質」。

那麼，難道這就意味著：我們即使轉職、離職了，也要懷著「我無法變成嶄新的自己，我還是放不下過去的自己」的想法，因而持續鬱鬱寡歡嗎？

並不是這樣的，請想想諮詢顧問V小姐，她說：「感覺市場價值好像下滑了」，但「我覺得人類價值提升了」。

換句話說，V小姐藉由**改變「自己」的定義**，斬斷了即使「只有」轉職順利，也會持續膨脹的鬱悶循環。這究竟是怎麼一回事？

過去沒有意識到「連結」，於是持續追求「市場價值」的V小姐，明確地告訴我：「自己是自己。過去的我，一直主張想要別人透過『我』這個人才，來評價我的價值。可是我很不安，擔心有一天自己會被炒魷魚，或是被人揭開表面的偽裝，露出真面目……」

然而，自從她開始重視「連結」、專注於「人類價值」之後，就開始改變想法了。她說：「和周遭之人的關係，包含他們的心聲，會讓我知曉自己的人類價值。我希望這些人都給我好評。」

沒錯。**我們所認為的「自我風格」或「自己」，絕對不是只由「我認為的自**

己」所組成，而是由「周圍之人的聲音或評價」和「我們的肺腑之言」，兩者緊密結合所構成。

這麼做之後，我們會嘗試給「自己」全新的定義。每當想轉職時，就會受到已經成為「連結」關係之人的支持，於是轉職「後」也能夠累積安心感和自信了。

而且，只要我們像V小姐那樣，察覺到「雖然有段時間曾經想要離職，不過我已經想不起來了呢」，於是擺脫了一心想離職的循環，就能過上和「只有」轉職順利的人截然不同的生活。不僅如此，我們也能變得更享受眼前的工作。

維持好與人「連結」的關係，受惠最多的是自己

「終身雇用制是不切實際的！」二〇一九年，代表日本的廠商和經濟團體所發布的這項訊息，引發民眾熱議。許多人應該還有印象吧？當時，我們也可以看到許多像是「終身雇用制總算崩壞了是嗎？」的暗黑論調。

不僅如此，在這件事發生的好幾年前，早就出現了「把公司當作墊腳石吧」、

「在個人工作的時代存活下去吧」……的聲音，這些堪稱「不需要公司論」的工作方式，開始以網路為中心，被廣泛地傳播開來。無論是以「職涯升級」為目標、打算考取證照，或準備進修商務課程的人，許多人都為了換工作而積極動起來。然而，即使他們已經這麼積極，我還是親眼見證他們「只有」轉職順利，沒多久又陷入了「鬱悶循環」。

能夠迅速擺脫「好想離職」的循環，而積極採取行動的人，並不是被「把公司當作墊腳石吧」、「在個人工作的時代存活下去吧」這類的聲音所催促。這樣說也許更恰當，他們是無法認清自己的弱點，連「被迫撒謊，自己的真實心聲被蒙蔽了」的思緒都沒能察覺到，就這麼被埋進了不安和孤獨當中。然後，他們會認為「願意給我更高評價的公司就在其他地方」，於是往前追趕幸福的青鳥。

我也有一些朋友，就是因為受到這些聲音的影響，才離開公司，結果後來大感焦慮。「自立門戶之後，我把現在這份工作的規模和意義，拿來和前一份工作比較，結果令我非常驚訝。即便離職後已過了五年，我認為自己的表現並沒有超越前一份工作。」

掉進「好想離職」循環的人會失去真實自我，於是變得自以為是。當他們認為「信得過的人只有自己」，並且將所有「連結」都視為「阻礙」時，只會讓自己陷入更深的漩渦中。

相反地，也有人**心想「我想和公司建立互補的關係」、「我要讓力道互相加乘，努力地活下去！」這些人會連轉職「後」的生活也過得順利，得以擺脫「鬱悶循環」，而且在遇到困難時，還能擁有會對自己伸出援手的人際關係。**

接受自身的強項和弱點，才能愛上完整的自己

也有一些人是利用「人際關係分類筆記」，找回了「就算我正在獨自處理工作，也未必會持續工作下去」的感覺。人在孤獨時是很軟弱的，但這份軟弱也會成為一個契機，讓自己產生試圖和別人共生存的心情。

規劃轉職時，我們確實多半是以「強項」作為根基，來往前走。但當我們也能認同「弱點」，就能夠做到「喜歡全部的自己」，即使身處在這個充滿不確定的世

界，也可以相信「因為我喜歡自己」，而堅定不移。

僅僅愛上自己的「強大」，和「只認同自己的一半」並無二致。當我們連自己「軟弱」的負面情緒也一併接受了，才能夠愛上全部的自己。

到目前為止，我們已經使用「離職開悟筆記」和「人際關係分類筆記」來「琢磨肺腑之言」了。應該有一些人發現自己的真實心聲已經出現了吧？或許，也有些人開始想著「我要好好規劃換工作的事」了。說不定也有人下定了決心，打算「我還是在現在這家公司繼續努力一下好了」。

下一章「寫給明天的信」，就是琢磨肺腑之言的最後階段。

現在你已經將負面情感表達出來，並且將人際關係整理到核心裡了，我們要持續琢磨這樣的肺腑之言，讓它成為「在轉職活動中表達的真實心聲」。

專欄3

這樣判斷徵才資訊，就能避免落入陷阱

徵才資訊是你和企業最初邂逅的緣由。企業多半會用以下這樣的詞彙，來展示出公司風格：

「在我們公司，就像在家一樣舒適自在」

「我們是一支和樂融融的工作團隊」

「員工和高層主管十分親近」

上述這些句子是大企業、中小企業，甚至風險投資企業，都廣泛使用的宣傳語。乍看之下，這些用語都是在表現優勢，但冷靜下來重新審視後，就會發現其實都是模稜兩可的表達話術。這也是應徵者在實際進入公司之後，發現「原來根本不是這樣」，而大感後悔的原因之一。

在專欄③這篇文章，我要告訴你一套「形容詞．副詞確認術」，可作為自己「檢視徵人資訊」的方法，並且能在轉職後也不後悔。只要使用這套方法，你和「值得尊敬的主管」或「能夠同甘共苦的同事」相遇的機率，將會大幅提升。

徵才資訊上的招攬話術，都是主觀的

但是，為什麼當我們專注琢磨形容詞、副詞這種「小地方」的文字表達上，實際就職之後發現「原來根本不是這樣」的狀況，就會消失呢？

這是因為形容詞、副詞**只是「轉職機構的主觀認定」，無法得知你對該企業所期待的公司風氣、人際關係等細節。**

舉個例子，我們試著用「就像在家一樣舒適自在的公司風氣」來思考。你心中浮現了怎樣的畫面呢？工作時，一個小時閒聊五分鐘。週末也一起去旅行。整個部門一週午間聚餐三次。沒有社長辦公室，老闆和員工在同一個工作空間裡辦公……，每個人心中浮現的具體公司氛圍，全都不一樣。

然而，轉職機構並沒有撒謊。追根究底來說，公司風氣是「進公司的人感覺到的氣氛」，要將它表現在徵人資訊裡，本身就是一件很困難的事。「公司風氣」是一種複雜的3D感受，我們卻試圖將用「徵人資訊」這種簡單的2D文字來表達，其實問題就存在這一套機制中。

這就是「主觀的圈套」。你心裡想的「就像在家一樣舒適自在的公司風氣」，和轉職機構認為的「就像在家一樣舒適自在的公司風氣」之間有落差。而且，轉職機構並沒有打算要欺騙你，所以這類主觀的形容詞、副詞，是很難從徵人資訊中刪減的。因此，你需要一套「形容詞．副詞確認術」，某種意義上也可說是一種「自我保護手段」。

利用數字、名詞、動詞，檢視客觀資訊

這套「形容詞．副詞確認術」非常簡單。請先上徵人網站，試著點開一個自己有點感興趣的企業徵人網頁。接著在文章裡找到形容詞和副詞，然後在下方畫斜線。諸如「年輕團隊」、「非常」這類文字，都是你的畫線對象。

如何？「剩下的資訊不就只有數字、名詞，還有動詞而已了嗎？」你是不是已經有這種想法了？

沒錯，其實這種感覺是正確的。從轉職機構或徵人網站上獲得、可以讓人做出「還是換工作吧」之決策的資訊，都是「數字」、「名詞」這類客觀的資訊。

比方說，假設你重視自由的公司風氣，當轉職經理人告訴你「這家公司的風氣自由開放」時，請在這裡停下腳步。接下來，請你試著詢問對方：「是在怎樣的狀況下，我們能夠感覺到自由開放呢？」

對方的答覆中是否含有名詞或數字呢？你自己又會如何透過肺腑之言，來判斷這則資訊呢？要追究到這個地步，再透過耳朵加以確認，徵人資訊才會開始轉變為

真實資訊，讓你有興趣去判斷「對我來說，這家公司是好公司嗎？」只要你不側耳傾聽，那些就是被冷凍的資訊。

徵人資訊是「充滿主觀」的世界，而且，尋覓新工作是很忙碌的事，我們不可能去應徵所有感興趣的職位。

在這個過程中，只要你使用「形容詞・副詞確認術」，就能事先殲滅轉職之後對公司風氣感到失望的風險，讓你不再有「原來根本不是這樣」的感覺。請小心謹慎地閱讀徵人資訊，和那種有「值得尊敬的主管」或「能夠同甘共苦的同事」的工作相遇吧。

第五章

寫封信給明天，讓它成為面試成功的武器

假如今天是最後一天上班，你想說什麼？

進入琢磨肺腑之言的最後一個步驟：「寫給明天的信」之前，我要簡單地回顧一下目前為止學到的內容。

在第二章，我們探究了讓真實心聲消失不見的「好想離職」，以及持續鬱鬱寡歡的原因。我們已經瞭解那是「五種讓人徹底撒謊的環境」所造成，而自己之所以鬱悶，並不是因為個性使然，也不是因為努力得不夠。

接著在第三章，我們使用「離職開悟筆記」，吐露在職場上累積的負面情感，開始「掌握」隱藏在心底深處的肺腑之言。

到了第四章，我們使用「人際關係分類筆記」，將超喜歡的人放進「連結」資料夾，超討厭的人放進「阻礙」資料夾，不會造成情感波動的人則放進「不過問」資料夾，如此真誠地「整理」了一番自己的肺腑之言。

這一章，將會是「琢磨肺腑之言」的最後一個篇章，那就是「寫信」。而且，這封信是「設想自己是最後一天到公司上班而寫的『寫給明天的信』」。

「寫給明天的信」是一封寫給被你放進「連結資料夾」、讓你覺得「離職後也想維持聯繫」的人的信，你要對他們表明「接下來也希望和○○先生／小姐您繼續聯絡」的想法。

「這只不過是在網路發達的狀態下使用模擬器呀。」——應該不少人會有這種感覺吧？

然而，**書信是專屬於你的真實心聲**。換句話說，**它會將「祕藏在心中的肺腑之言」，轉換為「在職場、面試時表達出來的肺腑之言」**。

寫信過程中的感受，才是最重要的

「為了在最後表達感謝」、「為了圓滿離職」——書信也會用於形式上的理由。確實，如果光靠這個工具，你可能會認為「還真麻煩啊」。

然而，書信具備強大的力量。最大的力量，就是用來幫助你判斷琢磨至今的真實心聲，是否已經形成「真正的肺腑之言」。換言之，書信是一位法官。寫信這個動作，確實可以讓我們在書寫的過程中發現「原來我正在思考這樣的事啊」，重新覺察自己的真實心聲。比起「寫出怎樣的信」，**自己「在寫信時產生怎樣的感受」才是更重要的。**

舉個例子，W先生（約三十～三十五歲）應屆畢業後就被分派為網路總監，前後任職六年，他就是心想：「這位前輩在我剛進公司時就給了我許多指導，所以接下來我也希望和他保持聯繫。」接著著手書寫「寫給明天的信」。

然而，在開始書寫之後，他逐漸發覺自己的想法是：「那個人總是指責我做不好的地方，比較常讓我喪失自信。其實我想和他保持距離。」把信寫完之後，W先生就將這位原本被歸檔在「連結資料夾」的前輩，重新放進了「阻礙資料夾」。

消化對前公司的不滿，會成為面試時的魅力

只要寫了「寫給明天的信」，你在公司的體驗，就會變成轉職面試時的殺手鐧。舉個例子，我們試著思考要寫一封信給在「連結資料夾」裡的人。

無論心中感覺有再多的感謝或恩情，如果你從來沒有將它化為言語，當第一次嘗試要在面試場合上表達，就會發現竟然無法乾脆地說出口。更別說是和面試官的初次見面了，若不先將具體情景的描繪或你的行動化為言語，你的魅力在緊要關頭就無法展現。

「寫給明天的信」裡，具體書寫了你對特定人士抱持怎樣的想法，以及這個想法出現的背景因素，這就是將你的真實心聲化為言語的一套流程。這些話將會成為「把你的魅力傳達給初次見面的人」的言語。

其實，**寫給「阻礙資料夾」之人的信，也會成為殺手鐧**。例如，假設你在面試時談及自己在前公司時的艱辛和煩惱。面試官問：「你是怎麼克服那些困難的？」已經從仇恨中全然解脫的你，心中並沒有被同情的感覺，你可以用肺腑之言回答：

「雖然很辛苦，但當時的經驗讓我有所成長，所以現在才能夠像這樣接受貴公司的面試。」

這兩種「寫給明天的信」，都絕對不是「讓我看看你的社畜本質吧！」這類唯心論。**多數企業對於「對目前公司的同事心存感激的經驗」或「克服困難的體驗」，都是給予高度評價的**。前者讓人能夠想像「感覺他可以為敝公司帶來好的影響力」，後者則可以令人期待「在疲憊的時候，他似乎能給身邊的人帶來勇氣」。

請寫下「給明天的信」，將目前在公司的所有經歷都轉變成你的殺手鐧，傳達出自己的魅力吧！

寫封信和自己對話，沉澱思緒

儘管如此，為何我們需要花心力去判斷肺腑之言是否為「真實心聲」？那看起來像是花費了相當多時間，才琢磨到現在的。

箇中理由是因為：肺腑之言是一種容易蒙塵的過濾器。

壓抑真心話、以其他價值觀為優先，會讓過濾器本身一點一點地產生裂痕和瑕疵。我們心想「因為是工作狀態」、「為了要拿出成果」，而將肺腑之言挪到一旁，只要持續在工作狀態，這樣的場面一天都會出現個好幾次。

這時候，書信會擦亮你沾染塵埃的肺腑之言，修復已經出現裂痕的真實心聲。

藉由和自己對話、回憶起收件者，進而編織想法，書信將會成為如同家庭醫師一般的存在，治療你紊亂的肺腑之言。

只要寫了信，你就能體驗「表達為文字，感覺輕鬆自在」的時光。

將文字保存下來，時時提醒自己

「終於把真心話寫出來了！」這樣一封讓你感覺輕鬆無比的信，你一定會很想留下來。一封不被任何人的意見或評價所影響，讓你深感「這就是真實心聲」的信，我認為可以稱之為藝術了。

在日本廣受歡迎，在海外也連續發行多張世界級暢銷專輯的國際女子團體「NiziU」，其製作人朴軫永（J.Y. Park），曾用以下的文字表達出人類所擁有的「某種強烈欲望」。

> 「人類有一種欲望，希望永遠留存心裡感受到的思緒。作為時間的奴隸，為『生而為人』的限制而感覺悲傷，並且追求永恆的事物，所以才會希望將那份在某個瞬間感受到的情感，留存下來。結果隨之產生的，不就是藝術嗎？」——（引用：《J.Y. Park 隨筆：為了什麼而生存？》〔*J.Y.Park* エッセイ　何のために生きるのか？〕第278頁）

人們認為「心裡感受到的思緒」、「某個瞬間一湧而上的情感」，就是肺腑之言，「結果隨之產生的藝術」則是書信。如此以真心話交織而成的信，對於書寫的本人來說，將成為一種寶物。

書信是一種足以被稱為「藝術」之力的工具。當我們似乎快要喪失自我時，以及感覺快要被他人的眼光、似是而非的肯定意見左右時，這些讓人感覺「原來我有真實心聲」的書信，必然將幫助你拿回自信。

寫好的信，就請你將文字以資料形式留存，幫助自己理解，書信本身則先拍成照片，以便日後回顧！把用肺腑之言寫成的信累積起來，你將能對過去的自己感到驕傲，產生「原來無論什麼時候，我都可以用肺腑之言來決定自己的道路啊！」的感覺。從今而後，當迎接轉機到來之時，你心中就會湧現自信：「我是一個能做出不悔選擇的人！」

比起內容，感受到自己的真實心意更重要

「寫給明天的信」的第一位讀者，是真心的自己。請試著實際閱讀這一封「寫給明天的信」，理解自己的真心話吧！首先，回憶放進「連結資料夾」之人的臉，雖然有話想對他們說，但有時候即使有人對我們說「好！開始寫吧」，也實在很難下筆。

在此公開我寫的「寫給明天的信」，作為你的書寫範例。當然，如果你覺得自己寫得出來，就請順從這份直覺往下寫吧。有時候，就連範本也會展現出「這樣寫好嗎？」的真實樣貌，讓你的肺腑之言蒙上一層灰。

但是，當你說出了這種話，就可能會開始猶豫：「雖然想寫，但寫不出來。想看範例，但不能看。」當這種時候，你可以看範本。因為當你照著範本書寫，就一定會出現那種「這裡跟自己的狀況不太吻合」的部分，讓你感覺不太對勁。這個

「就算套進格式裡，也會超出範圍的部分」，就是你的肺腑之言。當你寫完之後，試著順從這不對勁的感覺，再次重新閱讀。只要這麼做，一封所謂「真心話成分」經過濃縮的書信，就算完成了。

此頁的範本，是我寫給一位公司主管的書信內容。當時我還是上班族，他對我相當照顧，我為了照顧父母而離職，和他一起工作只有短短三個月的時間。然而，即使我後來離職，成為自由工作者，這位主管在轉職後的公司，依然任命我擔任新媒體總編輯，我倆共事的關係才得以延續。

透過這封信，我才明白「我想和尊敬的人以對等立場共事，而不是以主管和部屬的關係」，這樣的真實心聲比我想像中還要強烈。

◯◯先生
辛苦了。我是◯◯部門的佐野。

很抱歉這些文字不容易閱讀，但我要把無法直接說出來的話寫成一封信。如果你能在空閒時讀這封信，那就太好了。

前陣子公司正值重建期，我卻在這如此關鍵的時刻選擇離職，真的非常過意不去。

很抱歉留下了一堆爛攤子給你，再次致上我的歉意。

我希望能再早一點遇見○○先生您，也希望能再與您多一點時間共事，但時光飛逝，今天我就要離職了。當時○○部門看不見未來，我們心裡充滿了煩惱，是您帶領著我們向前走；當我緊張得無法好好說話，也是您陪我去跑業務……，我真的不知道應該如何感謝您。

還有，當我告訴您我要離職了，也衷心感謝您對我說了許多溫暖的話。

在我快要精神崩潰的時候，一直支持著我的人，也是您（跑業務時，您跟我聊的那些有趣的故事，對我來說都是非常愉快的回憶。謝謝您）。

雖然沒辦法作為○○公司的一員，一同完成您要我執行的任務，但我會持續成長，希望下次與您見面時，是在網路領域、新創領域，和您以對等的立場交談。

今後也請您多多關照了。

佐野創太
○○○○@gmail.com

如何？也許你會覺得「居然還挺普通的嘛」，對吧？現在我回顧這封信，覺得文章寫得相當草率，實在是好丟臉啊。不過，文章寫得優劣與否並不是重點。雖然是藉口，但實際上送出的信還是有經過修改的。在寫信的過程中，比起內容，**「是否能感受到自己的肺腑之言」、「真實心聲是否轉化成了文字」，才是最重要的。**

訣竅 1 ▼ 寫下未來展望和想保持連結的關係

那麼，寫給明天的信裡究竟該寫什麼才好？答案是一張**「接下來我打算怎麼辦？」的未來預想圖，以及「離職後我也希望和您持續聯繫」**的呼籲。

透過繪製未來預想圖，「自己接下來希望怎麼做？想要做怎樣的工作？」這些問題的答案，將會變得愈加清晰。是要繼續做現在的工作？還是發揮目前的工作技能，做出一些改變？又或者要到截然不同的公司就職呢？

在我的諮詢者當中，也有些人是寫了信給社長，告訴他：「我要離開都市，開始務農」，結果社長竟然回答：「我老家也是在務農喔」，雙方就這麼意氣相投起來。「今年的萵苣很貴呢！」據說那位諮詢者離職後過了兩年，現在還跟社長成為可以來一段農家閒聊的好夥伴呢。**未來預想圖脫離了「同公司的一員」的框架，既不必說謊、也不用講客套話，將為我們建立「以真心話串連的人際關係」**。

接著還有一個步驟，那就是「呼籲」。

請試著在「寫給明天的信」裡，清楚地寫出「接下來我也想和您聯繫」這樣的意圖吧！

「寫給明天的信」，是你肺腑之言琢磨完成的模樣。只要你試著明確寫出「從今以後請讓我與您繼續聯絡」，心裡就會產生「不對，應該沒有到那個地步吧」，或是「沒錯，這個人是我一生的連結」這樣的真實心聲。

訣竅 2 ▼ 不需要一次就寫完

現在我們用 LINE、Messenger 寫短文的機會變多了，手寫長篇書信的機會也減少了。若要「把想寫的東西整理過後再寫」，就可能完全不會動手了。因此，我們並**不需要做一次性的整理**。

為了琢磨肺腑之言，建議你在信件交出去前先放一個晚上，再試著重新閱讀。情緒化快速寫下的文章，即使表達出了真實心聲，有時也會是一篇「對讀者來說讀不下去」的文章。曾經寫過情書的人，應該也有過這樣的經驗吧？這時候，你只要把書信分成「真實心聲充分表達的信」和「可遞出形式的信」即可。

重新閱讀時，如果你是用電腦打字，就請不要在電腦上閱讀，而是列印出來之後，再重新看一遍。

閱讀印出來的東西有個好處，那就是你可以暫時把「自己」和「書信」分開，也能夠客觀地回顧。

容我再次強調，「寫給明天的信」的**最大目的是「擦亮蒙塵的真實心聲」，以及從自以為是的肺腑之言持續提升，成為「即使在職場上也可傳達的肺腑之言」**。

你不需要一開始就寫出漂亮的內容，也不需要充滿幹勁地想著「我要感動對方」，只要先從「粗略地寫出想講的話」開始就好。

訣竅 3 ▼ 不交出去也無妨

偶爾會有諮詢者對我提出這樣的問題：「我是不是也應該寫信給放進『阻礙資料夾』裡的人呢？老實說，我很討厭他，所以不想把信遞送出去……」。另外，應該也有類似「這種公司，我再也不會來了！」「那種主管，我絕對不想再跟他見面！」這樣的情況吧？很遺憾，也有一種狀況是：個人和公司之間的關係已經惡化到無法修復的程度。

儘管如此，我還是要告訴你：「這些信，請在你感覺從容、有餘裕的時候再寫。」

然而，我的意思並不是「因為對方曾經照顧過你，至少要在最後好好表達，才算是有禮貌」。「超討厭」的情感也是你肺腑之言的另一面，所以有其運用的價值。**和真實心聲相連的情感，並非負面或正面，重點在於「是否為強烈的情感」**。

不過請放心。雖然我建議你寫信，卻沒有說「應該遞送出去」。**書信不是為了對方而寫，而是為了擦亮你的真心話，所以你完全不需要交給對方。**

書信不需要遞交出去，即使是「阻礙」的人，光是書寫也是為了你自己。理由有兩個：

理由1：只要寫信給曾有心結的人，就能讓仇恨一掃而空

對於黑心公司、黑心主管、黑心同事的怨懟，該怎麼做才能夠煙消雲散？我也曾經在某公司請某位相當於主管的人看企劃書，結果他大手一摔，說：「這是什麼噁心的紙？」——這件事，我至今依然記憶猶新。

應該也有讀者在更惡劣的環境裡工作吧？無論如何，這份仇恨都該讓它一掃而空，再走出屬於你的嶄新人生。我們在「離職開悟筆記」（第三章）已經寫出了負面情感，但有時候對「阻礙」的人感到鬱鬱寡歡、焦躁不安的這份情感，實在已經根深柢固，即使在轉職之後也會變成仇恨，在你的心中縈繞不去。所以，請你寫

信，再次表達自己對「阻礙」之人心中的情緒，並且加以整理，藉此讓仇恨一掃而空吧！這封信是一對一給特定「那傢伙」所寫的文章，因此，你要列舉出對方說過的話，以及你遭到的對待。

這個方法，就是讓「毒親」一詞廣為流傳的著作《有毒的父母，一生受苦的孩子》（譯註：*Toxic Parents*，台灣中文版譯為《父母會傷人》），其作者蘇珊・佛渥德（**Susan Forward**）在書中也寫過的方法。書中提到：當我們對有毒父母寫出「接下來我要在這封信裡寫的文字，是我從來沒對你說過的話」之後，就能夠理解自己「即使想說，也沒能說出口」的真心話。

我認為包含黑心企業，以及對你帶來危害的黑心同事或主管，全都是應該切斷的對象。

如同煩惱，**一旦試著將怨恨從自己心中分離，我們就能夠冷靜地思考了**。讓自己夜不成眠的煩惱，只要試著轉化為「寫給明天的信」，有時候也可以沉靜下來，心想：「什麼啊，原來是這種事啊～」事實上，也曾有一些諮詢者察覺到「事情並沒有嚴重到要離職的地步」。

我自己也一樣，過去那個被主管說「這是什麼噁心的紙？」的經驗，當我嘗試把它寫出來之後，就覺得「噁心只不過是主觀感受吧」、「啊～原來是那個指導技巧低劣的主管啊」，當我回過神來，就已經可以用上對下的視線看待這一切了（笑）。而且，「對於不把人當人對待的憤怒」，讓我察覺到了「無論任何人，也無關職位或能力，我都希望把對方當作一個『人』來接觸」這樣的真實心聲。

信件不遞交出去也無妨。嘗試書寫下來，將仇恨與自己分離開，接著你就能夠觀察仇恨了。於是很快地，怨懟會一掃而空，你也可以表達出肺腑之言了。

理由 2：即使面對言詞犀利的面試官，也能夠沉著以對

然而，為什麼我們非得如此徹底地讓鬱悶、仇恨一掃而空呢？畢竟，利用「離職開悟筆記」，我們已經讓仇恨昇華了。但我曾說過，只要仇恨昇華，仇恨就會變成「不說公司壞話的輕鬆狀態」，並且「轉職時的面試就會變成沉穩的對話」。感覺這樣做似乎也足夠了。

之所以要做得如此徹底，其實是有理由的。那就是為了**「控制鬱悶、仇恨」的表達方式**，因為負面情感總會在我們意想不到的時候出現。

例如在面試時，有一位態度尖銳的面試官試圖看穿我們的真實心聲。「為什麼你會這麼想呢？」「這是不是偏離剛剛說過的話了？」當他像這樣追究時，我們就會不由自主地吐露出對前公司、前主管的怨言。有時候在這樣的狀況下，我們會察覺到：「原來自己心裡還有這樣的鬱悶或仇恨。」

這個狀況不只在面試場合上會發生。當你要應徵某個職位時，因為「想要指出公司的問題，來表達自己的邏輯能力」而寫下的自我行銷，會讓你被企業認為「明明世上沒有完美的公司，你卻如此吹毛求疵」。而且，因為你是無意識地寫出這些內容，所以不會主動發現問題所在，而是只會納悶：「為什麼都不會被錄取呢？」

所以，寫信給「阻礙的人」，就是運用文字來讓情緒昇華、讓自己輕鬆自在，讓自己在任何時候都能控制表達真實心聲的方式。

只要這麼做，你的負面情感就會轉變為「傳遞出自身優點」的肺腑之言。就算決定要「繼續在現在這家公司努力」，你也不會感到後悔。

即使你心中有負面情緒，「阻礙的人」也一直都在激發著你的真實心聲。這時候，為了你我的光明未來，請盡情徹底地活用它吧！

等心情平穩後再動筆

到目前為止，我已經告訴你書寫「寫給明天的信」的好處，而這封信即使不遞交給「阻礙的人」，也無所謂。然而，如果你處於過度嚴峻的狀態，只要一開始提筆寫信，就會因為想起辛苦的過往而感到痛苦，這時候就請你稍事休息。

「寫信」這件事，可以在心情平穩之後再開始動筆。可以是三個月之後，就算是一年後也沒問題。讓仇恨一掃而空，進而從中提煉出收穫的時機，就是你已經單腳從艱辛的時間漩渦裡抽出來的時候。目標基準是每隔三個月，當你心想「好像差不多該寫了」的時候再開始動筆，只要維持這樣輕鬆的狀態即可。

信，是為了「你」而寫的，請絕對不要寫出那種把自己逼入絕境的信，因為你完全不需要感到焦慮。

這樣做，無論最終去或留都不會後悔

肺腑之言如果光用腦袋思考，是什麼也看不見的。實際寫信、放進信封，接著在即將遞交出去的那一瞬間，有時你就會察覺到自己從未發現的真實心聲。在交出信件之前，也許你會有「還是別交給他吧」的想法，這就是你的肺腑之言。請**盡可能不要忘記這個「發現肺腑之言」的感覺**。

接著，你或許會在工作或日常生活的場合上，與「發現自己的真實心聲」的瞬間相遇。這些點滴累積的經驗，將會在轉職活動時發揮作用。在電話中和負責人交談時、為了面試而前往某公司時，「我想在這家公司工作嗎？」「我想跟這些人一起工作嗎？」你將可以用真實心聲來判斷出這些問題的答案。

在多數情況下，比起「我想要（做）～」的真實心聲或主觀念頭，我們更重視「最好要（做）～」的評價或客觀想法。在家庭裡，我們重視教養；在學校裡，我們打著教育的名號推崇「以他人為主」的概念，更勝於以自己為軸心；就算進了公司工作，這個現象仍然沒有改變。這一次我們將在以「成績」或「工作」為名的目標之下，學習如何看待他人、如何客觀地工作。

當然身為公司一員，為了要成長，這件事本身是必須要做的。

提出「職涯週期」（career cycle）概念的埃德加．亨利．席恩（Edgar H. Schein），將十六～二十五歲定位為「基本訓練」階段，他把這個時期的課題分為四類，其中三個是「盡可能快一點成為有效率的團隊成員」、「應對日常工作」，以及「以正式的，對團隊有所貢獻的成員身分受到他人認可」（摘自《職涯動力學》〔*Career Dynamics*〕第44頁）。換言之，比起自己的真實心聲或想做的事，以公司要求為優先的時期，確實有其必要。

但也因為如此，有時候肺腑之言會隱藏在某個角落，**我們也可能會把公司的要求，誤認為是自己的真實本意。**

所以，你必須藉由書信來提煉自己的真實心聲，將它拉到自己的面前。請和那個「會因他人意見或評價而感到窒息的自己」告別，選擇和「理解真實心聲、能夠盡情深呼吸，並且極度純粹的自己」相遇。

這樣的你，或許會被同事認為太過任性，甚至覺得「這個人在搞什麼鬼啊？」然而，這就是肺腑之言從捆綁住你的義理、規範、準則中脫逃的證據。**真實心聲將朝向跳脫框架的目標前進，並擴大跳脫的範圍——只要這麼做，無論你選擇留在公司或是換工作，所有決定都將成為你不悔的選擇。**

要讓說出口的真心話與人產生共鳴，你得……

當你寫信時，可能會有好幾次停下筆來。也許是因為「原來我之前是這麼認為的啊……」而感到羞恥，或是很在意他人的眼光：「收信的人到底會怎麼想呢？」這些都是好的趨勢。

透過「獨自一人掙扎、在乎他人的心情，於是自己的真心話和別人的情緒融合為一」這樣的過程，你的真實心聲將持續變成「並非自以為是，而是可在職場、面試時表達的肺腑之言」。

當自己的真心話被琢磨成「可表達的肺腑之言」，你要再加入的東西就是**「對方的心情」**。

當自己的真實心聲被人理解，對方也產生了共鳴；當肺腑之言傳達到對方那兒，與他人之間產生溫暖的關係——這時候，你的肺腑之言就會變成「可表達的肺腑之言」，我們將會進入「不但能珍惜自己，也能夠珍惜想要珍惜之人」的協調狀態。無論為了自己或別人，我們都將更使得上力，而且不管身處何種環境，都能堅定不移。

「給我等一下！前面不是寫著要我們擦去別人的意見和評價，把『肺腑之言』這個過濾器擦得閃閃發亮嗎？為什麼肺腑之言裡還需要對方的心情？」部分讀者心中或許會有這樣的疑惑。確實，當肺腑之言裡摻雜了「對方的心情」，真心話過濾器好像又要蒙塵了。

真實的心聲，其實混合了自己和他人的想法

但是請放心。即使我們找不到真實心聲失落在何處，也不知道它蒙上一層灰之後，變成了怎樣的形狀，還是能夠沉著地尋找，並且重新將它擦亮。為了達到這個目的，我們需要的工具就是「離職開悟筆記」、「人際關係分類筆記」，以及「寫給明天的信」。

冷靜下來思考，你是否感覺到只對自己「關閉的肺腑之言」，就像是在某個地方不讓人靠近的固執或逞強呢？雖然有句話是這麼說的：**「我只要被懂的人理解就好！」但這不也意味著，你似乎放棄了去尋找能夠彼此理解的人嗎？**

肺腑之言無需執著於「必須是一〇〇％的自己」。**真實心聲就是混合著自己的心情，以及某個人的想法**。如果你理解這之間的界線，就能這麼認為：「從這裡到這裡是我的真心話，所以最後則是由我來決定。不過，從那裡開始是別人的意見，我就適度地參考一下吧！」

假設你的肺腑之言已經琢磨完成，接著就會進入「因為我都用真實心聲思考，所以別人要怎麼想，我都無所謂」的狀態。當然，我身邊也有人是已經決定了人生方向，他們說：「不和別人接觸還真是幸福啊！」

這時候，如果他們認為「我用肺腑之言選擇了『不和別人接觸』的生活方式」，那就是一種豐盈富足的生活方式。而且，當他們心想「還是跟別人接觸一下吧」，也可以像鐘擺一樣再轉變回來。

不僅是自己的想法，也希望與他人產生共鳴

那麼，讓我試著問你一個問題：「為什麼肺腑之言需要加入對方的心情？」其實答案很簡單。我們也稱為「人性特質」的這個東西，會將「對方的心情」召喚為肺腑之言。

每一個人都無法獨活。「人類是社會動物」這句話，我們已經聽過好多次了。無法實際感受到人與人的連結——也就是孤獨的狀態——將有害身心健康。反過來說，能夠藉著肺腑之言感受到與人連結的狀態，或許就可說是身心健康的狀態。

一份與孤獨有關的研究告訴我們：

「無論如何，人類天生就是社會性動物。當我們被問到：『從哪裡獲得的喜悅最容易和幸福產生連結？』時，多數人都認為：比起財富、名譽，甚至健康，他們會給予愛、親密、社會性歸屬更高的評價。」——（引用：《孤獨的科學：人為何會變得寂寞？》第26頁）

「人類是社會動物」這句話當中，隱含另一層「與肺腑之言有關的意義」，那就是：我們現在藉著真實心聲思考或感受到的事物，都是受到過去曾經與你有關的人或體驗的影響，隨之產生的結果。

如果能用顯微鏡來窺探肺腑之言，我們一定可以隱約地看見，接縫上寫著：「曾為人師的父母的價值觀」、「聽了音樂現場演出而落淚的感動」、「和那個人分手而感覺到的痛」這類字句。

當然，和肺腑之言正面交鋒至此的我們可能這麼想：「這個影響確實存在，但我不需要被綑綁」、「雖然我因為這個經歷而改變了價值觀，但不需要用它來解釋自己受影響到那個程度」，這些都是可以做出取捨選擇的。現在的你，能夠選擇要如何使用那些影響或經歷。

這也是一個肺腑之言琢磨完成的人，所擁有的彈性。

在寫信的過程中琢磨完成的肺腑之言，如果讓你感覺到「我希望傳達給那個人」，那個人就是你一輩子會持續放進「連結資料夾」的人。如果人生是劇本，相信你會成為演員，為自己迎來「你」這個主角和快樂的結局。

而且，就像書信都需要收件人一般，肺腑之言也在尋求共同擁有。**我們也會希望肺腑之言能傳遞到對方那裡、被對方理解，也讓對方產生共鳴**。更進一步來說，我們期待和產生共鳴的收件人之間有對話和應答，兩人之間產生「某種溫暖的東西」。

我們應該不需要將「某種溫暖的東西」套進單一詞彙裡頭吧？也許是「牽絆」，又或許是「體諒」或「感謝」，只要選擇一個讓你的肺腑之言有強烈感覺的詞彙即可。

在此，我要試著刻意使用「愛」這個字來思考。埃里希・弗洛姆在著作《愛的藝術》中指出，「愛」這個字必須謹慎使用，也說明它是人類最強烈的願望。

「『與自己以外的人融合』的這份欲望，正是人類最強烈的欲望。那是最原始的熱情，也是將人類、部落、家族、社會捆綁在一起的力量。要是沒有達到融合，人類就會失去理智，或是毀滅。可能是自我毀滅，也可能是讓他人毀滅。這世界上若沒有愛，人類連一天都活不下去。」——（引用：《愛的藝術》〔改譯・新裝版〕第35頁）

不僅如此，弗洛姆也告訴我們：**人們是因為「愛」才感受到「連結」，但也絕對不能失去自我**。他暗示我們，即使藉由書信，我們的肺腑之言和收件人之間產生了某種強烈的東西，但肺腑之言未必會崩壞，我們也未必會走回頭路，又開始回頭在意他人的意見或眼光。**就算與他人相互連結，我們依然能夠保有真實心聲**。

「因為愛，人們將克服孤獨感・孤立感，但依然保有自己，不會失去自我的整體性。」——（引用：《愛的藝術》〔改譯・新裝版〕第35頁）

「在愛當中，會發生一個悖論：兩個人會成為一個人，而且將持續維持在兩個人的狀態。」——（引用：《愛的藝術》〔改譯・新裝版〕第39頁）

肺腑之言具有彈性，隨時都能琢磨

肺腑之言這種東西，或許有人把它想像成像一棵大樹般的自我軸心，無論置身於任何意見或評價之下，也不會有分毫動搖。然而，再怎麼高聳的大樹，只要暴露在風雨中就可能枯朽，也可能被蟲蛀得千瘡百孔，對吧？肺腑之言也是如此。

倒不如說，肺腑之言是會持續改變的。就像蒲公英被風吹走那樣，肺腑之言也可能會受到他人或經歷影響，因而蒙上一層灰，或者產生裂痕。「已經找到的肺腑之言，就不會再受到動搖」這種事，是絕對不可能發生的。

但是，就像蒲公英在水泥地的縫隙或陰暗處都能落腳，無論在任何地方都能開花一般，肺腑之言也擁有同樣的彈性，隨時都能琢磨，於是變得愈加清澈透明。隨後，你可以在一瞬間確實感受到這樣的心情：「如果是用肺腑之言選擇的道路，就算現在無法馬上知道正確解答，我也不會後悔。如果這個選擇會讓我抵達終點，那我會非常興奮的！」所謂肺腑之言，或許就是這樣容易損傷，但也具備恢復力的東西吧。

請你務必試著書寫「寫給明天的信」。**當肺腑之言被擦得清澈透明，再融入「對方的心情」，你將會實際感受到「肺腑之言」和「對方的心情」連結在一起。**相信你能夠獲得「兩者兼顧」的體驗，既可保有自我，也能珍惜想要珍惜的人。

「愛是個人的經驗，你得自己去體驗，除此之外別無他法。」如同弗洛姆在

《愛的藝術》中所說的那樣，「這就是肺腑之言！」的實際感受，就是一種讓你知道一切是否為真的體驗，這也是僅屬於你的體驗。

最大好處是，成為能享受工作的人

讓我告訴你一個故事，職涯教練X小姐（約三十五～四十歲）在完成「琢磨肺腑之言」之後，價值觀有了巨大的變化。她的變化是：認為應該追求的事物，「從原有的市場價值，轉變為人類價值」。

我從事職涯教練至今已經十年左右，一直以來都對支援別人的職涯規劃感到自負。因此，我以「提升市場價值的轉職」為主題，每天都努力地進行顧問諮詢工作。對於轉職經理人來說，當求職者猶豫著是否要轉職時，「市場價值」這個名詞，也是一個用來催促他們下定決心的殺手鐧。可是，當我開始出現工作上的鬱悶情緒，於是試著重新琢磨自己的肺腑之言，才開始覺得，或許還有比「市場價值」更重要的東西，那就是「人類價值」。唉呀，像我這樣的經理人，職稱就是要給人類賦予價值，所以感覺真有一點抗拒耶（笑）。

不僅如此，我很高興她擺脫了長時間糾纏自己的鬱悶情緒。

最近我開始走出身為業務的既定限制，也稍微跳脫了被主管規定的框架。我也開始分攤同事的工作，幫忙調整求職者的履歷、工作資歷。為了聚集適合公司的求職者，我還寫了好幾篇網路文章。雖然是自己主動說才開始做的小事，但我感覺到主管、前輩、後輩看待我的眼光都不一樣了。已經離職的前輩也向我提出邀約：「再來我們公司開履歷課嘛！」原本我並沒有特別幫上什麼忙的感覺，所以真的很驚訝。過去那種「我有幫上忙嗎？自己的工作有意義嗎？」的鬱悶感，實在令我相當煎熬呢。

如今變得會主動創造工作的X小姐，過去有很長的一段時間都在煩惱：「我有幫上忙嗎？自己的工作有意義嗎？」這個「工作沒意義」的憂慮感，並不是X小姐一個人的煩惱。

頂著爆炸頭的前朝日新聞編輯委員稻垣惠美子，在其著作裡寫了這段文字：

「可是，當經濟停止成長了、東西賣不出去了，人們就失去了最關鍵的感受，那就是「自己的工作對別人有幫助」。如此一來，推動員工的動機就只剩下金錢和人事了。」——（引用：《離職後的自由》，台灣中文版由三采文化出版）

也有些人因為公司停止成長，追逐數字成了他們的目的，一心想著「給我想辦法製造一點數字！」因而感到苦不堪言。我記得自己也有過類似的煩悶，當時心裡的感覺是：「我會讓你看到努力的意願，但追根究底，市場需求就是一直在減少，不是嗎？而且，努力到那個地步真的有意義嗎？」

「工作沒有意義」的煩惱是既無法要求經濟成長，又被迫要「找到有別於成長、成就的意義」，這應該是我們共通的煩惱吧？

身處於如此低成長時代的我們，究竟應該以什麼為目標，才能感覺到工作的意義呢？X小姐給了我們以下的提示。

比起追尋在遠方朦朧不清的「市場價值」，我們更該珍惜「人類價值」，因為它解除了眼前明確有煩惱之人的困擾，以結果來說，「市場價值」也將隨之提升，不是嗎？

當然，應該也有人因為追求「市場價值」而變得成功，也更加幸福吧。這樣的人，接下來也會是我們的好客戶。但是，我認為確實有些人的「人類價值」比「市場價值」更具有影響力。育兒、照護、興趣也是這樣，對吧？「除了工作之外，也有一些事想要花時間去做的人」，尤其是如此。

雖然不常談論，但那種「不依賴工作的人」，工作成果也比較穩定。因為他們必然心想「工作又不是人生的全部」，所以維持著很好的距離吧？當工作不順利的時候，他們情緒的波動起伏也很少，所以恢復得也很快。

我們要追求的，並不是「未必都有絕對數值或價值觀的市場價值」。「以眼前的同事、主管、客戶是否會對於『卸下了公司招牌的你』搭話，作為指標的人類價值」，才是超越轉職活動，而你我都應該設定為目標的事物。

我們不僅保有「支持公司、經濟活動的人才」這一面，同時也是「以『享受每日工作、生活時光這件事』為目的的人」。藉由琢磨肺腑之言，也許我們可以度過一段稍微停下腳步的時間，思考這個問題：「有沒有用『像個人的方式』來工作呢？」

感謝你陪伴我走到這裡。「切斷鬱悶循環的琢磨肺腑之言」，在此已經全部說完了。

「好累喔！」應該也有不少人這麼覺得吧。無論如何，各位讀者在第三章「離職開悟筆記」，聽見了「請試著將自己認為是負面情感的情緒、軟弱、憤怒、鬱悶一口氣表達出來」；在第四章的「人際關係分類筆記」中，則聽見了「請將人際關係區分為『連結』、『阻礙』、『不過問』」。現在跟主管之間的面談或一對一的會議，應該都不成問題了吧？

哪怕是明明情感遭到動搖，利用「寫給明天的信」，你也能一點一滴地將他人的觀點放進來了。藉由探詢肺腑之言是否為「在職場上、面試時都能傳遞給對方的真心話」，就能更進一步琢磨成清澈透明的真實心聲。

面對自我、考慮對方的心情，又在自己和他人之間來來去去，我想你的心靈和腦袋都已經筋疲力盡了。

辛苦你了。

接下來，你可能會轉職、調部門、升遷，搞不好會暫時停職、結婚、育兒，人生步驟應該會持續改變。屆時，當有人告訴你：「不是應該〇〇嗎？」「都這把年紀了，應該是〇〇了才對啊」，愈來愈多的角色、他人評價等局外人的聲音出現，讓你的肺腑之言過濾器開始蒙塵，或許真實心聲的形式本身也會開始扭曲吧？

但是，請你回想起來。只要「琢磨肺腑之言」，你就能隨時擦亮肺腑之言過濾器，恢復為「無論自己或他人的心情都要尊重」、「最後能用真實心聲做決定的狀態」。

琢磨肺腑之言會把「後悔」從你選擇的道路中移除，讓你拿回「不回首過往，持續往前進」的實際感受。這樣的你，應該已經成為「可以接受任何結果，也樂於走在選擇的道路上」，那樣堅定不移的自己了吧？到那時當你再回頭看，也許會有一種懷念的感覺：「原來，我也曾經悶悶不樂呀……」

真正的快樂，是為了自己而活動

最後，我要送給你一段文字，它教會了我「享受工作或活動本身，才是人類的喜悅」。神谷美惠子以英國哲學家沃科普（Wauchope）的思想為基礎，寫下了這段文字：

「按照沃科普的說法，在人類的活動當中，帶來真正快樂的是『為了他自己的活動』，和目的、效用、需要、理由這些東西都無關。確實，比起以某種利益或效果為目標的活動，單純地『因為想做而去做』，更能產生充滿活力的喜悅。老是為了錢而打工，或是不得已被迫去做事的人，該有多麼嚮往可以『不為錢而工作』，還有能夠從事『賺不到錢的工作』的自由啊。」——（引用：《關於活著的意義》第16頁）

「原本做不到的事，我現在可以做到了！」「客戶非常開心！」「主管願意祝福我成長！」「同事理解了我的悔恨！」在工作過程中，必然會有一段「無關結果，只是享受其中」的時光。既然都要拿出數字、成績這種眼睛看得見的成果了，希望你感覺「做這件事真快樂」的時光，也可以增加。

一個享受工作的人，會連努力的人認為「雖然很辛苦，還是努力做吧」的工作，也覺得很好玩，並且做出成果。順序要以你真實感覺到的價值為先，工作成果在後。

「琢磨肺腑之言」，就會讓你想起「對我來說，這件事能讓自己快樂」的工作特質。

結語

期盼所有人都成為堅定不移的自己

透過這一整本書，我告訴了你許多「琢磨肺腑之言」的手法，用以脫離「好想離職」的循環。

我都寫出「琢磨肺腑之言，成為堅定不移的自己吧！」這種句子了，或許會有人這麼想：「想必作者都是用真心話來生活的『真心話名人』吧？」

然而，我曾經掩蓋了真實心聲，即使保守計算，一週裡至少也有四天會出現「好想離職」的念頭。如今我創立了「離職學®」，但當時可是完全掉進了「好想離職」的循環裡。我和諮詢者討論得最熱烈的，也許就是自己失敗的故事了。

如果這本書能對於成為「真心話名人」有一點幫助，那將是我的榮幸。

換個話題，讓我為你介紹兩個人的文字。第一位是伊莉莎白・庫伯勒-羅絲（Elisabeth Kübler-Ross），她曾在其著作《論死亡與臨終》（*On Death and Dying*）中說明「臨終哀傷的五個階段」（Five Stages of Grief）。而後，她在其續作《死亡：那是成長的最後階段》（*Death: The Final Stage of Growth*，第335頁）中，留下了這麼一段話：

> 「所謂死亡，是我們在這世上成長的最後階段。」

這句話該如何解讀才好？

我曾用「可以成長到迎接死亡的最後那一刻」，如此充滿希望的文字來解釋。但應該怎麼做，我們才能達到這種境界呢？

江戶時代後期的浮世繪畫家葛飾北齋，似乎能夠給我們一點提示。

由美國知名攝影紀實雜誌《生活》（*LIFE*）所發表的〈千年百大人物〉（Life Millennium），在其「最近一千年留下最重要功績的一百位世界人物」評選結果中，葛飾北齋是唯一以日本人身分獲選的人物。

他希望自己成長到迎接死亡的最後那一瞬間，據說他在即將離世時，留下了這麼一句話：

「若上天能再多給我五年，我便能成為真正的畫家了。」

意思是「如果上天能再讓我多活五年的時間，應該就可以成為一位真正的畫家了吧？」這句話的意思是後悔嗎？還是一個人在死期將至仍有想做的事，心中懷抱的熱情呢？唯一知道答案的，就只有葛飾北齋本人了。儘管他和伊莉莎白．庫伯勒-羅絲都已經不在人世，我們無法直接請教他們，但這兩人確實都認為「直到死亡前一刻，還有事情可以做」。

琢磨肺腑之言也一樣，我認為這是直到死前都要持續做的事情之一。「無論公司或主管，全都是扭蛋」的世界，將會持續地運轉。在這當中，我們要像接受正面情感和堅強那般，接受負面情感和軟弱，並且完整地愛自己。珍惜自己的真實心聲，也重視對方的真實心聲，追求「人類價值」。接著，如果你能夠找到堅定不移的自己，那就是至高無上的快樂。

利用已然清澈透明的肺腑之言，你會做出怎樣的選擇呢？你原本又是抱持著怎樣的肺腑之言呢？請務必讓我知道。

非常感謝你陪我走到現在。

最後，請讓我向和本書有關的人士致謝。

前來找我商討離職問題的諮詢者們，如果各位沒有告訴我心中的糾葛或體驗，我就不會完成「離職開悟筆記」、「人際關係分類筆記」，以及「寫給明天的信」。我小心地留意不要侵犯「工作煩惱的個人隱私」，從今以後，我也會將各位的經歷傳達給所有讀者。

還有「請讓我把聽到的故事寫成書」，答應我這項要求的轉職經理人，以及支持許多人成長的每一個你。「如果是為了工作者，我願意讓你寫。」感謝各位願意給予建議，我一定會將你們的心意回饋給社會。

還有，Sunmark 出版社的責任編輯淡路勇介先生。

第一次見面時，我只說了一句：「有一種比『圓滿離職』**（譯註：指在和上司、同事保持良好的關係下離開公司）**更好的離職方法喔！」你就用一句：「每個人在轉職方面都有煩惱，佐野先生不是一直都在做相關研究嗎？」開拓了我的視野，感謝你。

還有「成為改變世界的作者：BookQuality 出版研討會」的會長高橋朋宏先生。你曾問我：「你要一輩子做現在離職的這個工作嗎？」謝謝你讓我挺起了腰桿。

以及被我引用智慧言語到書中的所有作者，希望讀者與各位相遇，能擦出燦爛的火花。

最後是所有對「離職學®」表示有興趣的人。當今人們在職涯、工作方式方面關注的主題，就是就職或轉職、副業（或複業，即多重本業）、自立門戶，以及創業。其中也有人鼓勵我：「這是一個改變工作價值觀的嘗試」，推動著我持續動筆書寫。

即使只有一次，也感謝曾經與我共度時光的各位。

我也曾經因為自己的不成熟，讓某些人感到不愉快。和大家交流過的所有對話，都是我的養分。

另外，不在我身邊生活的父親、母親、兄長。我在執筆期間曾和你們對話，有時候則是反覆地爭論。

還有我的妻子智代、兒子息吹。如果我說出「這本書是給你們兩人的遺書」，可能會惹你們生氣吧？但儘管如此，我還是察覺到：「即使我要先走一步，還是想要創作一些東西留下來」的真實心聲。我要將這本書獻給兩位。

人生就是一個有如扭蛋的世界，即使只有一個人也無妨，我衷心盼望「堅定不移的快樂人士」可以愈來愈多。

「離職學®」研究家　佐野創太

內在小革命 69

跳出離職迴圈

掌握3筆記╳釐清真實想法，跳槽成功與翻轉職涯人生！

「会社辞めたい」ループから抜け出そう！ 転職後も武器になる思考法

作　　者／佐野創太（SANO SOTA）
譯　　者／黃立萍
社　　長／陳純純
總 編 輯／鄭　潔
資深主編／葉菁燕
主　　編／林宥彤
封面設計／張芷瑄
內文排版／顏麟驊
整合行銷經理／陳彥吟

國家圖書館出版品預行編目（CIP）資料
跳出離職迴圈：掌握3筆記╳釐清真實想法，跳槽成功與翻轉職涯人生！／佐野創太作；黃立萍譯. -- 初版 -- 新北市：好的文化，2024.3
240面；14.8×21公分. --（內在小革命；69）
譯自：「会社辞めたい」ループから抜け出そう！転職後も武器になる思考法
ISBN 978-626-7026-40-3（平裝）
1.CST：職場成功法　2.CST：生涯規劃
494.35　　113001337

出版發行／好的文化
電　　話／02-8914-6405
傳　　真／02-2910-7127
劃撥帳號／50197591
劃撥戶名／好優文化出版有限公司
E-Mail／good@elitebook.tw
出色文化臉書／http://www.facebook.com/goodpublishh
地　　址／台灣新北市新店區寶興路45巷6弄5號6樓
法律顧問／六合法律事務所 李佩昌律師

印　　製／造極彩色製版印刷
書　　號／內在小革命 69
I S B N／978-626-7026-40-3
初版一刷／2024年3月
定　　價／新台幣360元

好
good
的
Publish

好
good
的
Publish